含章 新实用

美食菜谱 / 中医理疗
阅读图文之美 / 优享健康生活

U0285363

好吃不胖
做晚餐

生活新实用编辑部　编著

江苏凤凰科学技术出版社

图书在版编目（CIP）数据

好吃不胖做晚餐 / 生活新实用编辑部编著 . -- 南京：
江苏凤凰科学技术出版社 , 2020.5

ISBN 978-7-5713-0526-0

Ⅰ . ①好… Ⅱ . ①生… Ⅲ . ①菜谱 Ⅳ .
① TS972.12

中国版本图书馆 CIP 数据核字 (2019) 第 168933 号

好吃不胖做晚餐

编　　　著	生活新实用编辑部	
责 任 编 辑	陈　艺	
责 任 校 对	杜秋宁	
责 任 监 制	方　晨	

出 版 发 行	江苏凤凰科学技术出版社
出版社地址	南京市湖南路 1 号 A 楼，邮编：210009
出版社网址	http://www.pspress.cn
印　　　刷	北京博海升彩色印刷有限公司

开　　　本	718 mm × 1 000 mm　　1/16
印　　　张	14
插　　　页	1
字　　　数	210 000
版　　　次	2020 年 5 月第 1 版
印　　　次	2020 年 5 月第 1 次印刷

标 准 书 号	ISBN 978-7-5713-0526-0
定　　　价	45.00 元

图书如有印装质量问题，可随时向我社出版科调换。

低糖低脂低热量
亦甜亦酸亦有情

"昏黄漫洒夜初上，灯火万家食飘香。煎炒烹炸十八般，盘碟碗筷情意长。"谈及中国美食，不说别的，单是那浸在温暖灯光中的一桌美味，就有诸多值得一说的技艺和情缘了。

中餐重油重火，可如果说吃一顿晚餐就要担心腰围粗一圈，这会不会令人望而却步呢？在快节奏的今天，对无暇健身的人来说，热量、脂肪和肥胖就是挥之不去的噩梦。一边是抵抗不住的美食诱惑，一边是不敢触及的噩梦，无论怎样选，似乎都会落入两难境地。

一顿好晚餐，应该兼具温馨与健康，就像小时候妈妈给我们做的家常便餐，无论什么时候吃到嘴里，心里都感到踏实、安全。

《好吃不胖做晚餐》就是这样一本与您心意相通的晚餐烹饪伙伴。通过本书，您既可以享受日落时分厨房里的鲜嫩多味，也能感受到健康饮食带给身心的清爽，兼具美味和健康的双重优势，让您放心吃、敞开吃，不用担心发胖的问题。

打开本书，随处可见用心：

那红绿相间的芹菜炒肉片，隔着书页仿佛透出淡淡芳香，时时刻刻给予您最充足的纤维，最完善的养分；

那滋味酸甜的苹果鸡丝沙拉，体贴地给您最低的热量、最多的鲜味，即便大快朵颐，也没有长胖的隐忧；

那鲜嫩多汁的焗烤奶油小龙虾，肉质松软易消化，可供人体补充优质蛋白质，健康又美味，是调理身体的不二之选；

那简单易做的什锦炒面，五色时蔬，爽口面条，制作简单，味道可口，是日常生活必备的选择；

还有那鲜嫩肥美的法式炒蘑菇……

总会有一道晚餐，带着食物特有的体贴，让您的味蕾享受到它的可口，同时获得低糖低脂低热量的体验，吃得更酣畅、更健康！

现在，挽起您的袖子，做一顿这样的晚餐吧！选取新鲜的食材，无需复杂的技艺，只要投入全部的真诚和爱。不管是为着两个人的甜蜜烛光，还是三世同堂的家常晚宴，抑或是三五好友的假期小聚，都放心迈进厨房大展身手吧！

晚餐绝不仅仅是『晚上吃的那一顿饭』，而是夫妻情、合家欢，或者一个人独享的悠闲……

当软烂的肉块滑入口中，
蒸腾的热气温暖我们生活的同时，
经典的菜肴更传承了一个古老民族的文化和记忆！

繁华落尽，关于美食的记忆往往只是童年的一碗面条，背后则是长辈们忙碌而苍老的身影。

浪漫就在身边的厨房里，
波尔多的葡萄酒、东南亚的咖喱、普罗旺斯的薰衣草……
一切皆有可能！

CONTENTS
{目 录}

咕噜咕噜古老肉：
咕咾肉

无敌鲜美好滋味：
蘑菇炒羊肉

第一章
好吃不腻的快手小炒

极致和之味：
日式生菜沙拉

品味怡红快绿：
圣女果拌奶酪

第二章

健康低卡轻晚餐

暖胃祛寒食补药：
四宝猪肚汤

体虚者的福利：
贵妃牛腩

第三章

营养低糖的美味大菜

一口苦尽甘来：
素味酿苦瓜

浓郁与清新的碰撞：
培根烩娃娃菜

第四章

低油脂电锅菜

美食源于用心：
虾仁蛋炒饭

惬意晚餐的选择：
肉丝炒面

第五章

低卡又饱腹的主食

西京之王：
味噌烤鳕鱼

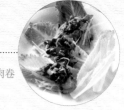
韩式风情：
蔬菜色拉烤肉卷

第六章

排毒养颜异域晚餐

看庭前花开花落，望天外云卷云舒：
轻松做晚餐需要大技巧

技巧1　一次准备好一周的食材

对于上班族来说，为了让每天下班以后的晚餐都能轻松搞定，可以利用周末时间，去菜市场或超市一次就买齐一周的食材。买回家后，经过处理做成半成品保存起来，也可以最大限度地维持菜品的鲜度。等到需要烹饪时，就可以省去烦琐的准备工作，避免操作时的手忙脚乱，这样一桌晚餐就能很快完成。

技巧2　考虑好菜单再购买食材

虽然利用周末时间一次性购足一周的食材非常省事，但前提是要事先考虑好菜单。这样不但能准确选购需要的食材，还能依菜单搭配食材，避免浪费。如胡萝卜这类可做配料的食材，在某些菜中只需用到一点，那么剩下的就可以在其他菜里使用，这样就可避免食材浪费的情况发生。

技巧3　炖、卤菜品可多做一些

炖制、卤制菜品可以一次多做一些，吃不完冷藏起来，下顿加热后又可食用。经过一些加工处理后还能成为一道新菜。剩下的卤汁可以用来做酱料，也可以直接用来热炒调味。

技巧4　做凉拌菜最省时

清淡爽口的凉拌菜不但开胃，而且做法简单，可以一次多准备一些冷藏起来，随时拿出来食用就行。也可以事先将酱料准备好，只要准备好食材，再加入酱料，用不了几分钟，一道可口的凉拌菜就完成了。

技巧5　处理食材要合理

即使是相同的食材、相同的做法，如果切的大小形状不一样，煮熟的时间也不同。想要大块的食材熟透入味，一定会比切片或切丁的食材需要更长的时间。所以，将食材处理成小块的丁状、片状或是打成泥状，可以减少烹饪时间。

技巧6　学会同时利用各种烹调器具

如果你有两三种以上的烹调器具，那么在计划晚餐菜单的时候，千万要将这个因素考虑进去。用不同的烹调器具同时烹饪不同的菜品，例如锅中炒菜时，可同时使用汤锅煮汤，再加上烤箱烘烤的菜品，这样就可一次同时烹饪三道菜，非常省时、省事。

待到明日味亦佳：
使隔夜晚餐也美味的秘诀

秘诀1　明天带上班的菜不要做得过熟

放入饭盒中准备第二天上班食用的菜，烹饪时不要煮到过熟的状态。比如蒸鱼，在蒸的时候先设定好时间，不要蒸得太烂，最好是九成熟或是一蒸熟就立即熄火。这样放入饭盒中，经过隔天再次加热后，才不会变得太老。但要掌握好菜品的烹饪时间，避免不熟的食物让人肠胃不适。烹饪时，应先盛起第二天所需分量的菜，剩下的继续煮至全熟做晚餐就可以了。

秘诀2　蔬菜不要煮至变色

有些蔬菜，烹饪时应避免炒得太熟，若炒得太熟，保存至隔天再次加热的话，不但会变色，味道也会大打折扣，如西蓝花等十字花科、豆角等豆类、根茎类蔬菜等。烹饪时，可以用"过油"的方式来保存其翠绿的颜色；若讨厌油腻，也可以用沸水快速氽烫后放入冰水中冰镇，快炒几下就可以起锅。

秘诀3　腌渍油炸食物

经过油炸的食物，隔夜再加热后，其口感和味道都会变差。所以，在油炸之前最好将食材先腌渍入味，第二天就算酥脆的口感消失了，吃起来还是很美味的。尤其是肉类和鱼类，一定要先腌过再油炸，否则吃起来就会比较腥。炸蔬菜时，应先裹上面粉，因为蔬菜容易吸油，裹面粉可以让蔬菜少吸收一点油脂。

秘诀4　有些菜品不适合隔夜吃

如空心菜、地瓜叶等绿叶菜煮熟后久放容易变黑，故不适合隔夜食用，只能现炒现吃。另外，太过松软的菜品也不适合隔夜存放，隔夜加热后，食物会因为吸收了过多水分而变得松烂，口感较差。

掌握关键点，美味就上桌：
在家做菜的常用烹饪技巧

什么是烹饪

"烹"是煮的意思，"饪"是熟的意思。烹饪则是指对食材进行合理地选择调配，加工处理，加热调味，使之成为色、香、味、形、质兼备的饭菜，既包括制作熟食，也包括制作生食。

烹饪是一门膳食的艺术，这就需要很多的具体技巧。例如，通过切、刨、剁等方式让食材变得易于食用；腌渍使食物更加可口……下面就介绍一些在日常生活中常用的烹饪技巧。

切肉

"厨以刀为先"，刀工不仅决定了烹饪的难易程度，还会影响菜肴的营养价值。

切片

切的时候要以肉的横纹来切。这样，原来顺着排列的纤维就会被切断，烹饪时就不会因高温而紧缩变小。

切丝和切条

要以肉的直纹来切，这样就不会破坏肉中原有的纤维组织。烹饪时，就不会造成肉丝破裂，而能保持其完整性。

切块

切块时，肉块不能过小，否则容易导致肉汁的流失；也不宜过大，否则会使得肉不易熟烂且不易入口。

腌肉

将肉先腌过，除了可以使肉更加入味，还能在一定程度上节省烹饪时间。

湿腌法

利用水分较多的腌汁将味道渗透到肉中，可以腌渍出够味又鲜嫩多汁的口感。

干腌法

将淀粉和辛香料等混合起来腌制肉类，不仅肉入味，还会充分保留食材本身的味道。

酱腌法

酱汁腌肉，除了可以保持食材本身的味道，在烹饪的过程中还可以使食材的味道进一步提升。

调味和火候　　要想烹制出佳肴，调味和火候绝对是关键技术。

去腥

将肉用大量清水冲洗，可以去腥膻。汆烫也可以去除肉类或者海产品的血水和腥味。如果在汆烫时加入葱段、姜片或米酒，去腥效果更佳。但需注意的是，汆烫的时间不宜过久。

善用辛香料

辛香料是使菜肴产生香气秘诀之一。如葱、姜、蒜、辣椒和花椒等在热锅中爆炒就能产生浓郁的香气；而罗勒、韭菜和芹菜等，则在起锅前加入即可。成功的烹饪一定要善用辛香料。

大火快炒

快炒的精髓在于"锅要热，火要大"。只有这样，食材才能尽快熟透并保持新鲜的口感，在翻炒的过程中也不易粘锅、烧焦。如一次不放入过多食材，将食材切小、切薄，都是快炒的小技巧。

最后收汁

快炒类或红烧肉类菜肴，最忌出锅时汤汁过多，所以在烹饪的最后阶段一定要记得尽量将此类菜肴的汤汁收干。这样做出的菜才好吃又入味。

小火细炖

在红烧或清炖某些较大块的肉时，应先用大火煮滚，然后盖上盖子转小火继续慢慢炖煮，这样才能使肉更加入味。所以，千万不可因心急而一味用大火，否则食材的水分都会流失掉，肉吃起来会又老又涩。

风花雪月实无用，玉馔珍馐最可期：
常见肉类及水产品的选购与保存

食用肉类的必要性　　常见的肉类食材不外乎畜、禽以及水产品，这些食材营养丰富，能够提供人体日常所需的蛋白质和脂肪，以及必需的氨基酸、脂肪酸、矿物质和维生素等。况且肉类营养丰富、吸收率高、滋味鲜美，可烹调成多种多样为人所喜爱的菜肴，所以肉类是食用价值很高的食品。即使对于那些正在减肥的人来说，摄取一定的肉食也是必要的，因为运动会消耗大量的蛋白质和矿物质，如果没有及时补充，反而会消耗掉本身不多的肌肉，长此以往，反而不利于减肥。

畜、禽　一般来讲，畜肉包括猪、牛、羊、兔肉等；禽肉则包括鸡、鸭、鹅肉等。

猪肉

优质的新鲜猪肉，脂肪白而且硬，还带有香味，肉的外面往往有一层稍微干燥的膜，肉质紧密，富有弹性，手指按压后凹陷处立即复原。

牛肉

新鲜的牛肉肉皮无红点，肌肉有光泽、红色均匀，脂肪呈洁白色或淡黄色；不新鲜的牛肉则肉皮有红点，肉色暗淡，脂肪缺乏光泽。

羊肉

正常的羊肉有很浓的羊膻味，有添加剂的羊肉羊膻味较淡且多带有异味。一般无添加剂的羊肉呈鲜红色，有问题的羊肉肉质呈深红色。

兔肉

新鲜的兔肉肌肉有光泽，红色均匀，脂肪为淡黄色；肌肉外表微干或微湿润，不粘手；肌肉有弹性，用手指压肌肉后的凹陷能立即恢复。

鸡肉

新鲜鸡肉的颜色是白里透红的，有亮度，手感光滑；注过水的鸡肉，肉质会显得有弹性，皮肤上有红色针眼，摸上去会感觉凹凸不平。

鸭肉

新鲜的鸭肉体表光滑，呈乳白色，切开后切面呈玫瑰色；不新鲜的鸭肉体表有浅红或浅黄颜色的轻微油脂渗出，切开后切面为暗红色。

水产品 水产品的范围非常广泛，包括水生动物。这里主要指河鲜、海鲜。

扇贝

应选择外壳颜色比较一致，且有光泽、大小均匀的扇贝，不能选太小的，因其肉少而食用价值不高；活扇贝的外壳受外力影响会闭合，反之则是死的。

虾仁

优质虾仁的表面略带青灰色或有桃仁状网纹，前端粗圆，后端尖细，呈弯钩状，有虾腥味，体软透明，用手指按捏弹性小。

鱿鱼

优质鱿鱼体形完整坚实，呈粉红色、有光泽、肉肥厚、半透明，背部不红；劣质鱿鱼体形瘦小残缺，颜色赤黄略带黑、无光泽，背部呈黑红色或霉红色。

蛤蜊

选购蛤蜊时，可拿起轻敲，若为"砰砰"声，则蛤蜊是死的；若是较清脆的声音，则蛤蜊是活的。

海参

选购海参时，以野生海参为最佳，野生海参底足长得短而粗壮；沙嘴大而坚硬；肉质厚实有弹性；外观是纺锤形的，两头尖中间粗，短粗胖，看起来很结实。

螃蟹

凡壳背呈黑绿色，带有亮光，都为肉厚壮实；肚脐凸出来的，一般都膏肥脂满；将螃蟹翻转身来，腹部朝天，能迅速用螯足弹转翻回的，均为活力强。

肉类食材的保存方法：

❶ 对于猪、牛、羊、鸡、鸭等畜、禽类食材来说，直接放入冰箱的冷冻室中保存即可。

❷ 扇贝、蛤蜊、螃蟹等水产品最好现买现吃；虾仁、鱿鱼和海参等，则可放入冰箱的冷冻室保存。

第一章

好吃不腻的快手小炒

锅铲真情

中国人好吃，也重情。要讲中国人的情味，离不开美食；要讲中国美食，又必须要谈情味。中国人的情味与那三尺炉灶、一张方桌、盘碟碗盏向来形影不离。抛开"举杯投箸"的欢庆聚会，单是从"烹饪"一节讲起，就有数不清的人情世故。而中式家庭烹饪中，使用最多的技法就是炒菜。尤其是那手起铲落就能完美出锅的快手小炒，可以说是简单便捷但营养丰富，朴素无华却有滋有味，中国人的情味，在这一锅一铲一盘一盏之间显露无遗。

亲情是妈妈做的一盘盘小菜。几乎每个妈妈都有几道拿手炒菜伴随着孩子的整个成长过程。在漫长枯燥的学习生涯中，那桌家常便饭里的某个炒菜，是藏在黑板、书桌、课本、课堂之外最迷人的召唤。酱香浓郁的葱爆肉丝和两大碗米饭，总是会伴着妈妈温暖的笑容一起出现。离家在外打拼后，妈妈的拿手菜和故乡的山水交织在一起成了想家的符号。除去爸爸宽阔的脊背和胡同口小伙伴爽朗的笑声，记忆深处最挥之不去的就是妈妈从厨房端出

的那一盘回锅肉，五花三层，晶莹剔透，肥而不腻。和美食相关的每件往事总会在不经意间涌上心头，历历在目的满是母亲浓烈的爱和万水千山也隔不断的牵挂。

友情是觥筹交错间的几个下酒菜。年岁越大越不爱下馆子，炒上几个下酒菜和朋友在家小聚就成了周末惯例。只消一会儿工夫，一盘酱爆牛肉，一盘韭菜猪肝就可以起锅上桌。和两三个相熟好友，夹几口菜，抿一口酒，工作、生活、人生百态尽在其中。有酒有肉有好友，这样的境况大概是平凡生活中最亮眼的色彩了。人生难得一知己，和志同道合的好友相聚，三盘两碟，一觞一咏，畅叙幽情。几道美味菜肴和来之不易的闲散时间，"相与枕藉乎舟中，不知东方之既白"是人生最难得的经历。

爱情是为你洗手做羹汤的心意。常听有人传授"要抓住男人的心，得先抓住男人的胃"的"驯夫秘籍"。这样的话在现在看来尽管有些绝对，但不得不

承认，无论男女，除了"上得厅堂"，"下得厨房"的本领也确实是必不可少。厨房、炒菜这样的词语本身就是家和温暖的代名词。一天的奔波劳碌之后，那盏等待着的昏黄灯光，加上美味的菜肴，再不食人间烟火的男神女神想必都会凡心大动。不得不承认，厨房也是爱情的战场。人生最好的时节，或许就是系上围裙，和葱姜蒜打打交道，三下五除二，来一盘糖醋里脊和香肠炒黄瓜。等待爱人在背后来一个腻人的拥抱，看着那些青涩的食材在锅铲下一点点成熟，香味阵阵飘出，是何等梦幻甜蜜的时光。

最好的自爱，是一个人的生活同样不能将就。单身久了，楼下的小超市和快餐店就成了光顾最多的地方，没有好友聚会、公司聚餐的时候，一碗方便面、一个面包、一盒快餐就能打发掉最美好的休闲时光，想来颇有些心酸无奈。离家在外的单身生活里，不管有没有奉献爱和索取爱，爱自己都应该是头等大事。一块案板、一把菜刀、一个炒锅、一层小蒸笼就可以是全部的厨房家当。无论工作日还是星期天，花上一点时间，洗洗切切，翻翻炒炒，一盘木耳鸡蛋，一盘芹菜肉片就可以犒劳自己的胃。"唯爱与美食不可辜负"，如此爱自己就是热爱生活的最好体现。

每一盘炒菜，除了简单的食材、多种的调料，还有那被火烹制的或浓或淡，或重或浅的爱和情味。做菜人投入的全部心思，经过"刀山火海"和"油锅"的考验和历练，成为一盘盘美味的炒菜。在香气扑鼻的等待里，消逝在口头心间和胃液里的不仅是酸甜苦辣咸的荤素滋味，更有人与人之间道不尽的柔情和关爱。

乡愁是一盘盘的：
回锅肉

　　每一张四川人的餐桌上，都会出现回锅肉的身影。或许每家每户厨房里端出的滋味并不相同，因为每户人家都有独特的烹饪秘籍，每位主妇都有专属于自己的口味偏好，但那一片片五花肉，却都能做到肥而不腻、回味悠长。每每吃到家乡菜，都能感受到菜里承载着的故土情怀，以及那浓浓的儿时滋味。

材料 Ingredient

五花肉	300克
青甜椒	1个
豆干	3片
洋葱	1/2个
蒜	3瓣
胡萝卜片	20克

调料 Seasoning

鸡精	1小匙
酱油	1大匙
米酒	1大匙
香油	1大匙
沙茶酱	1大匙

做法 Recipe

❶ 将五花肉洗净，切成片状；青甜椒洗净，去籽，切片；豆干洗净，切片；洋葱、蒜均去皮、洗净，切成片状，备用。

❷ 将做法1中的所有材料和胡萝卜片依序放入油温约为200℃的油锅中，稍微过油后，即可捞起沥油。

❸ 锅留底油，放入做法2炸过的所有材料，再加入所有的调料，以大火翻炒均匀即可。

小贴士 Tips

➕ 五花肉富含脂肪，所以炒肉时不需要放太多油。

➕ 如果将调料中的沙茶酱换成豆豉或郫县豆瓣酱，那么做出来的回锅肉味道会更正宗。

食材特点 Characteristics

五花肉：以猪的腹前部分为上选，接近猪后臀尖的部位次之。五花肉富含蛋白质、卵磷脂以及B族维生素，但脂肪含量也很高，肥胖和高脂血症患者应少食。

青甜椒：果肉厚而脆嫩，维生素C含量丰富，其含有的辣椒素是一种天然的抗氧化物质，能加速脂肪代谢，此外青甜椒还具有预防癌症的功效。

难比与君一相逢：

香蒜干煸肉

蒜苗是大蒜青绿色的幼苗，它与蒜头一样辛辣可口、个性强烈，却又多了几分爽口。蒜苗一旦与肉相逢于热烈的油锅，片刻间香气满溢，闻到的人都会不由自主地想装上一大碗白米饭，铺上一大勺香酥入味的蒜苗肉片，狼吞虎咽、大快朵颐——这，才是生活中最真实的幸福。

材料 Ingredient

五花肉	200克
蒜苗	100克
红甜椒	15克

调料 Seasoning

盐	1/2小匙
花椒粉	1克

做法 Recipe

1. 将五花肉洗净，切薄片。
2. 将蒜苗及红甜椒均洗净，切丝，备用。
3. 热一锅，加入适量食用油，放入五花肉，以小火将五花肉煸至焦香出油。
4. 加入花椒粉及红甜椒丝煸香。
5. 最后放入盐及蒜苗丝炒匀即可。

小贴士 Tips

+ 煸炒五花肉时油温一定要够热，否则五花肉的口感会不够焦脆。

冬日的温暖美味:
葱爆肉丝

　　葱除了香气四溢,还富含维生素及矿物质,特别是其含有一种叫作大蒜素的挥发油,既能除腥增香让人食欲大增,又具有很强的杀菌功效,能够治疗感冒。同时,葱还有促进血液循环、辛温驱寒的作用,在天寒地冻的隆冬时节,来一盘味道鲜美、香味浓郁的葱爆肉丝,在享受美味的同时,也能让我们温暖身心,远离感冒。

材料 Ingredient

猪肉丝	180克
葱	150克
姜	10克
红甜椒	10克

调料 Seasoning

水	1大匙
蛋清	1大匙
酱油	适量
白糖	1小匙
淀粉	1小匙
水淀粉	1小匙
香油	1小匙

做法 Recipe

1. 将猪肉丝加水、淀粉、蛋清及适量酱油抓匀,腌渍2分钟;葱洗净,切段;姜及红甜椒均洗净,切细丝。

2. 热一锅,倒入2大匙食用油,加入炒白的猪肉丝,以大火快炒至肉丝表面变白,捞出。

3. 锅留底油,以小火爆香葱段、姜丝、红甜椒丝后,放入剩余酱油、白糖及水炒匀,加入炒白的猪肉丝,以大火快炒10秒钟后,加入水淀粉勾芡炒匀,淋入香油即可。

小贴士 Tips

1. 本品是一款很有代表性的福建菜,喜欢的朋友一定不能错过。

食材特点 Characteristics

蛋清:鸡蛋白,可润肺利咽、清热解毒,富含蛋白质、人体必需的8种氨基酸和少量醋酸,烹饪时多用来上浆。

淀粉:俗称"芡",为白色无味粉末,是植物体中贮存的一种养分。淀粉多贮存在植物的种子和块茎中,在烹饪中具有多种作用。

皇城根酱滋味:
京酱肉丝

相传民国时期,一个家境贫寒的北京孩子整天路过一家香气扑鼻的烤鸭店,馋涎欲滴却没钱购买。为了满足孙儿的愿望,他的爷爷将瘦肉切丝加豆酱热炒,再用豆腐皮卷起肉丝做成烤鸭卷饼模样,入口竟如烤鸭一般香浓味美,让人难忘。孩子长大后成了一位名厨,仍然记挂着儿时的美好,于是将爷爷的做法反复改进,发展成如今酱香浓厚、肉丝嫩滑的京酱肉丝。

材料 Ingredient

猪肉丝	250克
葱	60克
红甜椒丝	适量
水淀粉	1小匙

调料 Seasoning

水	50毫升
甜面酱	3大匙
番茄酱	2小匙
白糖	2小匙
香油	1大匙

做法 Recipe

1. 将葱洗净,切丝,放置于盘上垫底。

2. 将锅烧热,倒入2大匙食用油,将猪肉丝与水淀粉抓匀后下锅;以中火炒至猪肉丝变白后,加入水、甜面酱、番茄酱和白糖,持续炒至汤汁收干后,加入香油拌匀。

3. 将炒好的猪肉丝盛至葱丝上,最后撒上红甜椒丝装饰即可。

小贴士 Tips

+ 猪肉丝要斜着切,而不要简单地横切或顺切。

+ 京酱肉丝首选猪里脊肉制作,其他部位不适合做这道菜。

+ 京酱肉丝多配豆皮食用,买来的豆皮需放入沸水中煮3分钟才好。

食材特点 Characteristics

甜面酱:以面粉为主要原料,经制曲和保温发酵而成的一种酱状调味品,其味甜中带咸,同时有酱香和脂香,含有多种风味物质和营养成分。

番茄酱:富含番茄红素、B族维生素、膳食纤维、矿物质、蛋白质及天然果胶等。和新鲜西红柿相比,其营养成分更容易被人体吸收。

咕噜咕噜古老肉：
咕唠肉

咕唠肉起源于广东，由于华侨的传播而成为外国人心目中最有名的中国菜之一。据传这个略显古怪的名称来源有两种：其一源于此菜一端上桌便香气四溢，令人不由得咕噜咕噜地咽口水，得名"咕噜肉"；其二源于它历史悠久，故名"古老肉"，后谐音转成"咕唠肉"。不管它的名字到底从何而来，它的甜酸爽口总让人一吃难忘。

材料 Ingredient

梅花肉	100克
淀粉	100克
洋葱	20克
菠萝	50克
青甜椒	15克
红甜椒	1/4个

调料 Seasoning

白醋	100毫升
白糖	120克
盐	1/8小匙
番茄酱	2大匙

腌料 Marinade

盐	1克
米酒	1小匙
胡椒粉	1/6小匙
蛋液	1大匙

做法 Recipe

1. 将梅花肉洗净，切成约1.5厘米厚的片，加入所有腌料拌匀，再裹上淀粉，并抖去多余的淀粉。

2. 将青甜椒、红甜椒、去皮的菠萝和洋葱皆洗净，切片。

3. 将梅花肉逐片放入油锅中，以小火炸1分钟，再转大火炸30秒钟后捞出，沥油。

4. 锅留底油，加入做法2的材料炒软，加入其余调料煮滚后，放入炸肉块炒匀即可。

小贴士 Tips

+ 梅花肉不要切成块状，否则不容易熟。

+ 做咕唠肉的秘诀就是先切后腌，腌使肉入味，裹上淀粉可以封住肉的纤维，保证油炸时肉汁不干，表面酥脆。

+ 待油沸后，放入肉片炸，沸油可将肉外层的淀粉收紧，避免脱落。

食材特点 Characteristics

梅花肉：猪的上肩肉，横切面瘦肉占90%，其间有数条细细的肥肉丝纵横交错，入口香嫩不油腻。

洋葱：具有发散风寒，抵抗流感病毒及较强的杀菌作用。对"三高"人群也有较好的保健作用。

酸甜滋味，百种千名：

糖醋里脊

　　中餐菜式变化多样，口味繁多，如果非要选出一个"万人迷"，糖醋系列当仁不让，鲜嫩无骨的糖醋里脊，更是其中翘楚。它外酥里嫩，酸甜可口，红亮的酱汁、酥脆的面糊裹着香气浓郁的里脊肉，色香味俱全且老少咸宜，在餐桌上总能占有一席之地。

材料 Ingredient

里脊肉	300克
洋葱	30克
甜椒	60克
淀粉	100克

腌料 Marinade

盐	1/6小匙
淀粉	1小匙
蛋清	1小匙
米酒	1大匙

调料 Seasoning

香油	1大匙
白醋	2大匙
番茄酱	2大匙
水	2大匙
白糖	2大匙
水淀粉	1/2小匙

做法 Recipe

1. 将里脊肉洗净，切小块，用盐、淀粉、米酒、蛋清抓匀，腌渍一会；将去皮的洋葱、甜椒均洗净，切块。

2. 将腌好的里脊肉块裹上淀粉捏紧，入热油锅中以小火炸至熟，捞起沥油。

3. 锅留余油，下洋葱块、甜椒块略炒，加白醋、番茄酱、水、白糖煮滚后，用水淀粉勾芡，放里脊肉炒至芡汁收干，最后关火淋上香油拌匀即可。

小贴士 Tips

+ 里脊肉最好剔去筋膜。

+ 糖醋里脊是中餐经典菜肴之一，但在不同菜系中糖醋里脊的做法是有区别的。

食材特点 Characteristics

里脊肉：猪、牛、羊等脊椎骨内侧的条状嫩肉。里脊肉又分为大里脊和小里脊。大里脊是指与大排骨相连的瘦肉，适合炒菜用，这里所用到的就是大里脊。

盐：又称食盐，是人类生存最重要的物质之一，也是烹饪中最常用的调味料。盐的主要化学成分是氯化钠，含量约为99%。

腌渍小幸福:
酸菜炒五花肉

老一辈人家中常见腌渍酸菜的大缸,顺着墙壁排成一排。每年秋天,外婆会亲自选购白菜、青菜、萝卜等,筹划腌渍过冬食用的酸菜。经过时间的魔法,青菜慢慢变成酸菜,将它们捞出来适当改刀,再切几片肥嫩醇厚的五花肉同炒,撒上热烈的红辣椒,丝丝热气散发出的不仅仅是浓浓的鲜香,更是浓浓的幸福。

材料 Ingredient

五花肉	200克
酸菜	300克
蒜片	10克
红椒圈	15克

调料 Seasoning

盐	1/2小匙
酱油	1/2小匙
白糖	1/2小匙
米酒	1大匙
胡椒粉	适量
醋	1小匙

做法 Recipe

❶ 将五花肉洗净,切片;将酸菜冲洗干净后切小段,备用。

❷ 热一锅,倒入1大匙食用油,放入五花肉片炒至油亮,再加入蒜片和红椒圈爆香。

❸ 放入酸菜段拌炒均匀,再加入所有调料翻炒至入味即可。

小贴士 Tips

➕ 选购成品加工酸菜时要注意味道和外包装,若发臭胀袋说明已变质;若酸味刺鼻则说明是用醋酸兑制的,不宜选用。

➕ 用猪油炒酸菜味道会更香。

➕ 在材料中加入洋葱丝能更好地提味,会增色不少。

食材特点 Characteristics

酸菜:古称菹,在北魏的《齐民要术》中便详细地介绍了用白菜(古称菘)等原料腌渍酸菜的多种方法。酸菜可分为东北酸菜、四川酸菜、贵州酸菜和云南酸菜等,而且不同地区的酸菜口味也不尽相同。老百姓常说的"酸菜",一般是指用青菜或白菜做成的全部种类酸菜的总称。

黄豆芽炒肉片

　　像是一种民俗，更像是一种文化，它就是粤菜家族的黄豆芽炒肉片，安静沉稳地传承着粤菜应有的特色。粤菜起源于汉族，随着中原文化南移，在与百越农渔丰富物产相结合后，让人碰撞出一道又一道历史佳肴。在炎炎夏日享用这道菜，让人回味无穷。

材料 Ingredient

五花肉片	100克
黄豆芽	100克
蒜	2瓣
韭菜	30克
鸡蛋	1个

调料 Seasoning

酱油	1小匙
盐	1小匙
白糖	1/2小匙

做法 Recipe

❶ 将蒜去皮，洗净，切片；黄豆芽去根，洗净；韭菜洗净，切段；鸡蛋打散成蛋液。

❷ 取炒锅，加少许食用油加热，倒入蛋液先炒至八分熟后取出；放入五花肉片煸熟，取出备用。

❸ 原锅留油，放入蒜片爆香，放入黄豆芽、韭菜段炒熟。

❹ 在锅中放入鸡蛋、五花肉片及所有调料，拌炒均匀即可。

小贴士 Tips

✛ 没熟透的豆芽会略带涩味，如果想吃爽脆鲜嫩的豆芽，可加点醋去除涩味。

食材特点 Characteristics

黄豆芽：一种营养丰富、味道鲜美的蔬菜，富含蛋白质和维生素。中医认为，黄豆芽味甘、性凉，入脾、大肠经，具有清热利湿、消肿除痹、去黑痣、治疣赘和润肌肤的功效。黄豆在发芽4~12天时维生素C的含量最高，如果每天再接受2小时日光照射，则维生素C的含量还可增加。

芬芳纯粹营养餐：
芹菜炒肉片

芹菜，蔬菜中的"精灵"，水果界的"亲邻"，虽不比鲜果的可口，却恰如其分地携带着些许淡淡芳香，提供最充足的纤维，最丰富的养分。鲜肉片与之搭配在一起，犹如在清香中舞蹈，还原出食材那份最纯粹的原汁原味。闲暇时，亲手小试一下，即可收获芳香四溢且健康营养的一餐。

材料 Ingredient

去皮五花肉	300克
芹菜	120克
葱花	30克
蒜末	1小匙
红葱末	1小匙

调料 Seasoning

酱油	1小匙
盐	1/4小匙
胡椒粉	1/4小匙
白糖	1/2小匙
香油	1/2小匙

腌料 Marinade

酱油	1小匙
淀粉	1小匙
盐	1/4小匙
白糖	1/4小匙

做法 Recipe

1 将芹菜洗净，摘去叶片，切成约1厘米长的小段；去皮五花肉洗净，切成约0.5厘米厚的片，加入腌料拌匀。

2 热一锅，加入适量食用油，放入五花肉片，以小火煸至两面上色。

3 锅中放入芹菜段和其余材料，炒香后放入所有调料，再翻炒2分钟即可。

小贴士 Tips

+ 选用芹菜时，其梗不宜太长，以短而粗壮的为佳；菜叶要翠绿，不枯黄。

+ 将五花肉换成里脊肉也可以。

+ 因为芹菜容易熟，所以五花肉要炒熟些再放芹菜。炒熟五花肉的方法有两种：一是直接炒熟；二是锅中放点水，盖上锅盖，焖熟。需要注意的是，直接炒熟的五花肉味道更香。

食材特点 Characteristics

芹菜：分水芹、西芹和旱芹3种，功效相近。中医认为，芹菜具有平肝清热、除烦消肿、凉血止血、清肠利便、润肺止咳和健脑镇静的功效。现代医学则认为，芹菜富含蛋白质、碳水化合物、胡萝卜素和B族维生素等多种营养元素，尤其是其叶茎中还含有芹菜苷、佛手苷内酯和挥发油，具有降血压、降血脂、防治动脉粥样硬化的作用。

水晶之恋：
粉丝炒肉末

　　童话中有灰姑娘的故事，美食中有粉丝的传奇。都是那么一个平淡无奇的转身际遇，一个拥有了水晶鞋，一个变身成为貌似水晶的餐桌宠儿。与其被人们喊做"蚂蚁上树"，倒不如说是名副其实的"水晶之恋"。繁星点点般的碎肉末均匀分布于晶莹的粉丝之上，犹如水晶恋人间的传神嬉笑、打情骂俏。

材料 Ingredient

粉丝	3把
猪肉馅	150克
葱末	20克
红辣椒末	10克
蒜末	10克
水	100毫升

调料 Seasoning

辣豆瓣酱	2大匙
酱油	1/2小匙
鸡精	1/2小匙
盐	适量
白胡椒粉	适量

做法 Recipe

❶ 将粉丝放入沸水中焯烫至稍软，捞起过冷水后沥干，备用。

❷ 将锅烧热，放入2大匙食用油，爆香蒜末，再放入猪肉馅炒散后，加入辣豆瓣酱、酱油炒香。

❸ 在锅中倒入水，再放入粉丝、鸡精、盐、白胡椒粉炒至入味，起锅前撒上葱末、红椒末拌炒均匀即可。

小贴士 Tips

➕ 粉丝一定要沥干，不然容易粘锅。

➕ 如果时间比较充分的话，也可以将粉丝放入凉水中浸泡后直接入锅炒。如果是在沸水中焯烫的，那么捞出沥干后要过冷水或加入适量油搅拌以防止粘连。

➕ 材料中还可以加入嫩笋和香菇，将二者切成小丁同炒，可以提味，增加菜品味道的层次感。

食材特点 Characteristics

粉丝：用绿豆、红薯淀粉等做成的丝状食品，故名粉丝，其营养成分主要是碳水化合物、膳食纤维、蛋白质、烟酸和矿物质等。

鸡精：在味精的基础上加入化学调料制成，由于所含的核苷酸带有鸡肉的鲜味，故称鸡精，在烹调菜肴时适量使用能增强食欲。

快手小确幸：
香肠炒小黄瓜

在忙碌的都市生活中，恐怕没有人愿意每天花费大量时间泡在厨房里，与柴米油盐为伴，与油烟为伍。因此，我们的生活中不能缺少一些简单清爽的小菜，就如这道3分钟就能上桌的香肠炒小黄瓜。只需要切片、下锅、翻炒，简简单单3个步骤，就能做成一盘清爽醉人的菜肴，给平淡生活增添小小的惊喜。

材料 Ingredient

香肠	5根
小黄瓜片	100克
蒜片	5克
红辣椒圈	3克
上海青段	适量
水	50毫升

调料 Seasoning

鸡精	1小匙
香油	1小匙
盐	适量
黑胡椒粉	适量

做法 Recipe

1. 将香肠洗净，切成片状，备用。

2. 取一锅，加入适量食用油烧热，放入小黄瓜片、蒜片、红辣椒圈、上海青段、香肠片和水翻炒均匀。

3. 在锅中加入所有调料快炒后，盖上锅盖，焖至汤汁略收且小黄瓜熟软即可。

如意称心：
生炒猪心

　　自古以来，中医就有"以脏补脏""以心补心"的说法，认为猪心能镇静、补心，辅助治疗气血不足所致的心悸、怔忡、健忘、失眠等症。从现代医学的角度来看，猪心也确实对功能性或神经性心脏疾病有一定的辅助治疗作用。这道生炒猪心口味香浓、口感鲜嫩，能养心气、益心血，是一道值得一试的健康菜品。

材料 Ingredient	
猪心	150克
葱段	40克
姜片	10克

调料 Seasoning	
盐	1/4小匙
酱油	1大匙
米酒	1大匙
香油	1大匙
乌醋	1小匙
白糖	1小匙
水	3大匙

做法 Recipe

❶ 将猪心洗净，切成片状，备用。

❷ 热炒锅，加入适量食用油，放入葱段、姜片爆香，接着放入猪心片和所有调料，转大火炒匀即可。

小贴士 Tips

➕ 清洗猪心的时候，要注意将残留在血管中的血块挤出来。

➕ 猪心不宜炒太久，否则会失去鲜嫩的口感。

美妙重口味:

姜丝炒猪大肠

有人对它退避三舍、闻之色变，有人对它欲罢不能、爱之入骨，重口味的猪大肠在食物界就是这般特立独行、霸道生猛。其实，生活中除了小清新口味，也可以适当来点重口味的调剂。色香味俱全的姜丝爆炒猪大肠端上桌来，夹一筷清脆可口的姜丝和喷香入味的大肠，再配一口醇香软糯的米饭，美味引爆味蕾，一碗绝对不够！

材料 Ingredient

猪大肠	300克
姜	100克
红甜椒	10克
香菜	适量

调料 Seasoning

白醋	3大匙
盐	1/4小匙
香油	1大匙
白糖	1大匙
米酒	2大匙
水淀粉	1小匙

做法 Recipe

1. 将处理干净的猪大肠放入沸水中汆烫10秒，取出沥干，切小段，备用。

2. 将姜及红甜椒均洗净，切丝，备用。

3. 热一锅，倒入2大匙食用油，放入姜丝、红甜椒丝略炒香，再放入猪大肠及白醋、盐、白糖、米酒，以大火快炒均匀。

4. 用水淀粉勾薄芡后，淋上香油，撒上香菜即可。

小贴士 Tips

+ 清洗猪大肠时，可先将猪大肠从里到外翻一面，将里面清洗干净，然后再准备一盆水，放入醋和盐，不停地揉搓清洗，最后放入淘米水中继续清洗干净即可。

食材特点 Characteristics

猪大肠：有润肠治燥、调血痢脏毒的作用，在我国古代常用于治疗痔疮、大便出血或血痢等症。猪大肠一定要洗干净，否则不但有异味还不卫生。

米酒：以糯米为原料发酵而成，富含多种维生素和微量元素，赖氨酸含量极高，能促进人体发育、增强免疫功能。

春色如许：

韭菜炒猪肝

　　南齐的文惠太子曾经询问周颙什么是世间最美味的食物，周颙毫不迟疑地答道："春初早韭，秋末晚菘。"足见春寒料峭时节的韭菜有多么鲜嫩清香。中医认为，春天是"旺肝"的最好季节，有利于避免暑热时节肝脏的阴虚之症。韭菜与猪肝都是养肝护肝的上好食材，一则辛香风流，一则鲜香爽口，正好汇作一盘健康养生的春日美食。

材料 Ingredient

猪肝	200克
胡萝卜片	10克
酸竹笋片	40克
韭菜段	40克
姜片	10克
葱段	20克
淀粉	适量

调料 Seasoning

盐	1小匙
白糖	1/2小匙
米酒	1大匙
白胡椒粉	适量

做法 Recipe

❶ 将猪肝洗净，切厚片，加适量淀粉抓匀，再放入滚水中余烫，捞起备用。

❷ 炒锅烧热，放入适量食用油，加入酸竹笋片、姜片、葱段炒香。

❸ 放入猪肝片、胡萝卜片和所有调料，以大火快炒。

❹ 拌入韭菜段炒匀即可。

小贴士 Tips

✚ 猪肝一定要选外表红亮、整体颜色一致、泛着健康光泽的，这样的猪肝比较新鲜。

食材特点 Characteristics

韭菜：味辛辣，有促进食欲的作用。韭菜除食用外，还有一定的药用价值，具有健胃、提神、止汗固涩、补肾助阳、固精等功效。

猪肝：含有丰富的铁和磷元素，是造血不可缺少的原料；猪肝还富含蛋白质和卵磷脂，有利于儿童的智力发育和身体发育。

米饭大杀器：

酱爆牛肉

牛肉含有丰富的蛋白质，而脂肪含量却比较低，味道又非常鲜美，是许多人挚爱的食材。牛肉有多种烹饪方式，酱香浓郁的酱爆牛肉正是其中常见的一种。它那醇厚的酱香味道中不时涌现出丝丝甜味，带给人们甜咸交织的极致味觉感受。吃完牛肉，将浓稠酱汁往碗里一拌，还能再来一碗米饭。

材料 Ingredient

牛肉	200克
洋葱	80克
青甜椒	60克
蒜末	1/2小匙
姜末	1/2小匙

腌料 Marinade

淀粉	1小匙
酱油	1小匙
蛋清	1大匙

调料 Seasoning

辣椒酱	1大匙
番茄酱	2大匙
高汤	50毫升
白糖	1小匙
水淀粉	1/2小匙

做法 Recipe

1. 将牛肉洗净、切片，加入淀粉、酱油、蛋清等腌料拌匀，腌制15分钟备用。

2. 将洋葱、青甜椒切成粗丝，洗净沥干，备用。

3. 热一锅，倒入2大匙油，将牛肉放入锅中，以大火快炒至表面变白即捞出。

4. 另热锅，倒入1大匙油，先以小火爆香蒜末及姜末，再加入辣椒酱及番茄酱拌匀，转小火炒至油变红且香味溢出。

5. 在锅中倒入高汤、白糖、青甜椒及洋葱，以大火快炒10秒钟，再加入牛肉快炒5秒钟，最后用水淀粉勾芡即可。

小贴士 Tips

+ 选用的牛肉要注意是否注水，牛肉注水后，肉纤维更显粗糙。注水会使牛肉有鲜嫩感，但仔细观察肉表面，常有水分渗出。用手触摸，湿感重；用干纸巾敷在牛肉表面，纸巾会很快湿透。

食材特点 Characteristics

牛肉：富含蛋白质且脂肪含量低，氨基酸的组成接近人体所需，具有补中益气、强健筋骨、化痰熄风的功效，还能提高免疫力。

白糖：主要分为两大类，即白砂糖和绵白糖。绵白糖在中华饮食文化圈食用较多，其他国家和地区则主要食用白砂糖。

溜入口中的嫩滑感受：

滑蛋牛肉

这道经典粤菜色泽清新、香气四溢，食材虽然十分家常，但却颇为考验烹饪者的火候把握能力。简单快炒之后，鲜嫩的牛肉蜷在松软的鸡蛋之中，这样的至鲜美味对每个人的感官都是极大的诱惑。当嫩滑触感和鲜香味道同时溜进口中，牛肉的鲜美、鸡蛋的润滑齐齐在唇舌间跳舞，给味蕾带来的享受不言而喻。

材料 Ingredient

牛肉片	300克
鸡蛋	3个
葱段	20克
蒜	2瓣
水	3小匙

调料 Seasoning

盐	适量

腌料 Marinade

白糖	1小匙
酱油	1小匙
米酒	1大匙
水	4大匙

做法 Recipe

1. 将蒜去皮洗净，切片；将鸡蛋打散，加3小匙水和适量盐搅拌均匀。

2. 将牛肉片和所有腌料搅拌均匀，腌制30分钟。

3. 热一锅，倒入适量食用油，放入牛肉片，快速炒散至变色，马上捞起沥油，备用。

4. 锅留底油，倒入拌匀的蛋液，炒至半熟捞起。

5. 原锅爆香葱段、蒜片，再放入牛肉片和鸡蛋炒匀，最后加盐调味即可。

小贴士 Tips

+ 火候的掌握对于这道菜很重要，火开得过大或时间过长都会影响牛肉的口感。

食材特点 Characteristics

鸡蛋：所含的热量不高但营养价值却很高，富含蛋白质、维生素以及磷、锌、铁等矿物质。一般来说，健康成年人每天吃1个鸡蛋为宜，不宜吃太多。因为鸡蛋中蛋白质的体积较大，需要一定水分才能被人体分解，人体吸收了其精华后，剩余的废物会随多余的水分经肾脏分解排出体外，所以食用过多鸡蛋会加重肾脏的负担。

麻婆豆腐

大名鼎鼎的经典川菜——麻婆豆腐，大约起源于清朝同治初年，由成都北郊万福桥一家名为"陈兴盛饭铺"的老板娘陈刘氏所创。麻婆豆腐色泽红亮，豆腐形整不烂，口感麻辣鲜香，不同凡响，深得大众的喜爱。因为陈刘氏脸上略有麻点，人称"陈麻婆"，所以她所创的烧豆腐就被称为"陈麻婆豆腐"，直至今日依然是川菜馆的招牌菜。

材料 Ingredient

板豆腐	2块
猪肉馅	80克
蒜末	1/2茶匙
高汤	250毫升

调料 Seasoning

辣豆瓣酱	1茶匙
辣油	1茶匙
白糖	1茶匙
酱油	1/2茶匙
盐	1/4茶匙
水淀粉	1大匙

做法 Recipe

1. 将板豆腐洗净，沥干水粉，切成小丁，备用。

2. 热一锅，倒入食用油，加入蒜末、辣豆瓣酱，以小火炒香，再放入猪肉馅拌炒至肉色变白。

3. 加入高汤及其余调料（水淀粉除外）拌匀，再放入板豆腐丁，以小火煮约3分钟，最后加入水淀粉勾芡即可。

小贴士 Tips

+ 如果选择自制高汤就要注意保存期限，因为没有防腐剂，所以即使放在冰箱中也不要超过2周。

+ 将板豆腐切丁后，如果时间允许，可以用淡盐水浸泡一会儿，这样做出的豆腐会形整而滑嫩。

+ 用水淀粉勾芡后，要边摇锅边用炒勺推动锅底，使板豆腐不至于糊锅，当淀粉彻底糊化后便可出锅装盘。

食材特点 Characteristics

板豆腐：口感较为粗糙，但也保留了豆腐最原始的味道。其富含的卵磷脂能防止血管硬化，预防心脑血管疾病。

高汤：通常指鸡汤，经长时间熬煮而成。在烹调过程中可以代替水，加入菜肴或汤羹中，可以提鲜，使味道更加浓郁。

无敌鲜美好滋味:

蘑菇炒羊肉

羊肉和蘑菇都是最适宜在冬季食用的滋阴温补之物。蘑菇的无敌鲜味配上洋葱的辛香与胡萝卜的甜美，一齐浸入到鲜嫩的羊肉之中，使得羊肉的油腻与腥膻味神奇地消失不见，给人带来满满的幸福感。吃过才知味浓，见过才知色美，要体会羊肉的酥烂软嫩和蘑菇的肥嫩鲜甜，必须亲自来一口试试！

材料 Ingredient

羊肉片	250克
蘑菇	80克
洋葱	1/3个
胡萝卜	20克
蒜片	10克
葱段	10克

腌料 Marinade

米酒	1小匙
淀粉	1小匙
盐	适量

调料 Seasoning

酱油	1大匙
米酒	1大匙
乌醋	1小匙
香油	适量

做法 Recipe

❶ 羊肉片用腌料腌10分钟，入油锅过油。

❷ 将洋葱洗净，去皮，切片；将胡萝卜和蘑菇均洗净，切片，再一起放入滚水中焯烫。

❸ 热一锅，倒入适量食用油烧热，放入蒜片、葱段、洋葱片爆香，再放入蘑菇片和胡萝卜片略炒，加入羊肉片和除香油外的所有调料拌炒均匀，最后淋上香油即可。

姜丝炒羊肉片

羊肉性温而不燥，含有丰富的蛋白质和多种营养成分，能温中暖下、补肺肾气、增强抵抗力，是冬令进补的最佳选择。姜丝既能散寒发汗，又能祛除羊肉膻气。严寒冷酷的冬日里来一盘热气腾腾的姜丝羊肉，可以促进血液循环，让人从手脚到心底都温暖熨帖起来。

材料 Ingredient

羊肉片	150克
姜	60克
罗勒	适量

调料 Seasoning

香油	2大匙
米酒	2大匙
酱油	1大匙

做法 Recipe

1. 将姜洗净，切丝；罗勒摘除老梗，洗净备用。

2. 炒锅烧热，倒入香油，放入姜丝爆香。

3. 放入羊肉片和其余所有调料炒熟，最后加入罗勒拌匀即可。

永不消失的赤子心：
三杯鸡

当年文天祥被俘，一位老婆婆带了一壶酒和一只鸡去狱中看他，狱卒在瓦钵上倒了三杯米酒，把鸡肉切成块，用小火煨熟给文天祥，这位英雄怀着亡国恨吃完了这最后一顿。这就是"三杯鸡"的由来，再后来，"三杯"改成用甜酒酿、酱油各一杯。今天我们要介绍的就是现代家庭中常见的改良做法。

材料 Ingredient

土鸡腿	600克
姜	100克
红辣椒	2个
罗勒	15克
蒜	适量

调料 Seasoning

酱油	1大匙
香油	2大匙
酱油膏	2大匙
白糖	1小匙
米酒	50毫升
水	50毫升

做法 Recipe

1. 将土鸡腿洗净，剁小块；姜洗净，切片；红辣椒洗净，切小段；罗勒挑去粗茎，洗净，备用。

2. 将鸡腿块用酱油抓匀；锅中倒入500毫升油，热至160℃，下土鸡腿块以大火炸至表面微焦后，捞起沥油。

3. 洗净锅，热锅后倒入香油，以小火爆香姜片、蒜瓣及红辣椒，放入土鸡腿块、酱油膏、白糖、米酒和水；煮开后将材料移至砂锅中，用小火煮至汤汁收干。最后加入罗勒拌匀即可。

小贴士 Tips

+ 可以根据自己的口味将米酒换成啤酒。

酥与嫩的诱惑：
辣椒酱炒鱼片

　　鲷鱼属于深海鱼，它营养丰富，脂肪含量很低，肉质细嫩柔软，鳞多而脆，基本无刺，极为鲜美。只要略加腌制，裹上淀粉油炸，就可做出外表酥脆喷香，鱼肉软嫩细滑的鱼片，鱼的鲜味被酥皮完全封住，不需酱料都令人叫绝。更何况外边还裹上了浓厚的辣椒酱，一口下去，怎不让人销魂！

材料 Ingredient

鲷鱼肉	250克
红甜椒片	20克
葱段	30克
蒜末	10克
黑木耳片	20克
青甜椒片	40克
淀粉	100克

腌料 Marinade

盐	1/4小匙
白胡椒粉	1/4小匙
米酒	1小匙
蛋清	1大匙

调料 Seasoning

辣椒酱	2大匙
白醋	1小匙
白糖	1小匙
水	4大匙
水淀粉	1小匙
香油	1大匙

做法 Recipe

① 将鲷鱼肉洗净，切成厚片，加入所有腌料拌匀，腌制2分钟。

② 锅置火上，倒入400毫升食用油，加热至150℃，将鲷鱼片裹上淀粉，放入锅中炸至外表呈金黄色，捞起沥油。

③ 将油倒出，锅底留下少许油，以小火将红甜椒片、葱段、蒜末爆香，再加入辣椒酱炒匀。

④ 加入水、白醋、白糖煮滚，再加入黑木耳片、青甜椒片和鱼片炒匀，用水淀粉勾芡后，淋上香油即可。

小贴士 Tips

⊕ 新鲜的鲷鱼鳞片完整不易脱落，肉质坚实、富有弹性，眼球饱满突出、角膜透明，鱼鳃色泽鲜红、腮丝清晰。

食材特点 Characteristics

鲷鱼：一种统称，细分起来种类很多，分观赏和食用两大类。辽宁大东沟，河北秦皇岛、山海关，山东烟台、龙口、青岛等地区为我国鲷鱼的主要产区，山海关产的鲷鱼品质尤佳。

黑木耳：一种营养丰富的食用菌，其所含有的发酵素和植物碱，能够有效地促进消化道和泌尿道内各种腺体的分泌，并促使结石排出。

细微的大海之味：

香菜炒丁香鱼

丁香鱼，也叫小银鱼，产自东海深海水域。它个头虽然很小，但营养价值很高，鱼体纤细透明，肉质鲜美细腻，闻之有丁香香气，小口细尝才得其中真味。从前渔民们常会带上丁香鱼出海漂泊，用来佐粥下饭简便又美味。而将玲珑剔透的小鱼炸得香酥诱人，再拌上香菜等诸多配料，则更能体现它极致的鲜香。

材料 Ingredient

新鲜丁香鱼	200克
香菜梗	20克
葱	30克
蒜末	15克
红辣椒	2个
淀粉	1/2小匙

调料 Seasoning

盐	1/2小匙
白糖	1/2小匙

做法 Recipe

1. 将香菜梗、葱均洗净，切段；红辣椒洗净，切圈。

2. 将新鲜丁香鱼略洗沥干，撒上淀粉拌匀，并让鱼身地均匀沾上淀粉。

3. 热一锅，倒入食用油至七分满，并加热至180℃，放入丁香鱼以大火炸2分钟至香酥，即可捞出。

4. 锅留余油，以小火将葱段、红辣椒圈、蒜末爆香后，加入炸丁香鱼、香菜梗拌炒，最后加入盐和白糖以小火炒匀即可。

小贴士 Tips

+ 腐烂、发黄的香菜不要食用，这样的香菜不但气味和口感大打折扣，可能还会产生毒素。

食材特点 Characteristics

丁香鱼：又称鳀、小银鱼，为鳀科鳀属的鱼类，分布于印度洋非洲东南岸，菲律宾、日本以及中国沿海等，肉质鲜美，营养丰富。

香菜：人们熟悉的提味蔬菜，状似芹，叶小且嫩，茎纤细，味郁香，性温味甘，能健胃消食、发汗透疹、利尿通便、祛风解毒。

第二章

健康低卡轻晚餐

爱上轻简生活

现代很多人提倡极简生活主义，即不需要繁杂的物质就能带来身心愉悦的享受。这或许是另一种"大道至简"吧。人生就像登山，多数人费尽心力，就是为了走得更远，爬得更高，看到更多更美的风景。但这条登山路漫长艰难且人潮拥挤，于是人们蓦然回首，发现其实山脚本来就有看不尽的风景，只要你站对了角度，懂得感受就可以拥有自己的一片天地。

简洁明快的低卡轻晚餐就是如此，瓜果蔬菜加上一些新鲜海味，用最简单的蒸煮或是凉拌方式，加入少许调料，就是一顿营养丰盈的健康美味。这些简单而朴素的家常料理，完全能满足我们身体的需求，没有多样的烹饪技法，不仅大大减少了下厨的时间还还原了食物最本真的面目，少油、少盐，但滋味不减，营养不缺。

"少油盐，零负担，为身体减负。"在快节奏的都市生活里，这样的格言已成为越来越多人的饮食信条。低卡轻晚餐虽然口味清淡、做法简单，但依然能保证人体必要的膳食纤维、蛋白质、碳水化合物和维生素等。这样的饮食方式，不仅能为身体减负，更能为人们的心灵减负，使人的内心收获一份恬淡和宁静。一顿简约但不简单的晚餐，带给我们的是毫无负担的满足感。

这种少油、少盐但营养丰富的饮食其实早就有了确切的定义——轻食。"轻食"一词最早来源于欧洲，在法国，午餐的"Lunch"正具有轻食的意味；餐饮店中制作快速、简单的"Snack"也是轻食的一种体现。随着健康饮食风潮的不断盛行，在后来的演变、丰富和改进中，"轻食"一词逐渐有了现在这样明确的概念——少油、少盐、少糖、高纤维及高钙，不给身体造成负担。果腹、止饥、原始烹饪方式可以说是"轻食"奉行的准则。"轻食"注重健康营养，崇尚清淡、自然、均衡、无负担，提倡吃得七八分饱，远离刺激性食物。《黄帝内经》中说"饮食自倍，肠胃乃伤"，意思是吃得太饱就会给人的健康带来害处，轻

食正是消除这种害处的"有力武器"。

　　有人说，"轻食"是减肥者的福音。此话其实只说对了一半。"轻食"和"节食"在一定程度上有所不同，轻食提倡的是营养全面、低糖、少热量，需要均衡搭配以保证人体所需的各类营养元素。适当食用一些肉类，也是"轻食"的一部分。所以说轻食的目的不是用来减肥，而是消除过剩的营养，有助于减肥。多食蔬菜、水果和粗粮是减肥的惯用招数，也确实是轻食的一贯要求。

　　除了健康营养、为肠胃减负这样的好处之外，"轻食"还有另外一个显而易见的好处，那就是运用最简单的烹饪方法，即使是不谙厨艺的新手也能轻松做出美味。这对于忙碌的上班族来说十分受用。用最新鲜的食材，蔬菜水果、豆类、奶类，加上适量的鸡蛋、瘦肉和鱼虾等，用上一点儿心思，就是一顿丰盛的营养晚餐。

　　身体接受清简的食物，心灵也会收获轻松的满足，这是轻食带给我们的另一种馈赠。在物欲横流的生活里，我们确实非常需要借此"回归简单"。

　　孔子在《礼记》里讲："饮食男女，人之大欲存焉。"人生在世，总有这样那样的欲望。多数时候，我们汲汲追寻，就是为了消解"欲望"。大到苦心经营，一生负累；小到吃饱穿暖，满心欢喜。满足、幸福和快乐其实就在我们一念之间。就像尘世里最平常的一顿晚餐，只要你遵从了自己的内心，不管是饕餮大餐还是清简小宴，都能吃出营养健康和心满意足。

品味怡红快绿：
圣女果拌奶酪

　　翠绿的黄瓜，艳黄的甜椒，乌青的黑橄榄，点缀着嫣红可人的圣女果，再撒上奶酪块与罗勒丝，一看就令人食指大动。用橄榄油、甜酒醋与黑胡椒提味之后，奶酪的咸鲜与蔬果的清甜相得益彰，不仅味美可口、健康清新，还能满足身体所需的热量。未经高温烹制，满溢的维生素C得以保留，不仅有美白作用，还有延缓衰老的功效。

材料 Ingredient

圣女果	10颗
奶酪	1块
罗勒	2根
小黄瓜	1根
黄甜椒	半个
黑橄榄	10颗

调料 Seasoning

甜酒醋	1大匙
橄榄油	1大匙
盐	适量
黑胡椒粉	适量

做法 Recipe

1. 将所有材料均洗净；圣女果对切；黄甜椒切小块；黑橄榄对切；小黄瓜切小块；罗勒切丝，备用。

2. 将切好的奶酪去膜，切成小块备用。

3. 将切好的圣女果、黄甜椒、黑橄榄、小黄瓜、罗勒、奶酪和所有调料一起搅拌均匀即可。

小贴士 Tips

+ 圣女果并不是转基因食品，与致癌也没有任何联系，可以放心食用。

食材特点 Characteristics

圣女果：又称樱桃番茄，其外观玲珑可爱，口味香甜鲜美。具有生津止渴、健胃消食、清热解毒、凉血平肝、补血养血和增进食欲的功效。

罗勒：味似茴香，为药食两用的芳香植物，含有丰富的膳食纤维和维生素，有疏风行气、祛湿解毒、消食活血等功效。

圣女果夹虾仁

将一只只汆水之后的粉嫩虾仁塞入切开的圣女果，再淋上用橄榄油、辣椒水与黑胡椒粉调制的酱汁，微鲜搭配着恰到好处的辛辣口感，再加上慢慢透出的酸甜味道，让人一口之内体会到各种滋味的交融，犹如在舌尖演奏一曲搭配得恰到好处的交响乐。简单做法成就的美味，不论是疲惫的工作间隙，还是悠闲的周末午后，都能与你的生活衔接得恰到好处。

材料 Ingredient

圣女果	8颗
虾仁	8只
豆苗	适量

酱料

橄榄油	1大匙
盐	适量
黑胡椒粉	适量
辣椒水	适量

做法 Recipe

1. 将圣女果切去蒂头，用小汤匙将果肉挖空，洗净后沥干，备用。

2. 将虾仁洗净，背部划刀以去除沙筋，放入沸水中汆烫，沥干后放凉，备用。

3. 将所有酱料拌匀成酱汁，备用。

4. 依序将虾仁填入圣女果中，盛盘后淋入酱汁，并以豆苗装饰即可。

小贴士 Tips

+ 在国际橄榄油市场上，特级初榨橄榄油的酸度与价格直接挂钩，酸度越高表明油的等级或新鲜程度越低。

食材特点 Characteristics

橄榄油：由新鲜的油橄榄果实直接冷榨而成，保留了天然营养成分。橄榄油不仅能改善消化系统功能，对人体的心、脑、肾和血管也有极好的保健功效。还有一点需要说明的是，橄榄油的营养成分和母乳相似，极易被人体吸收，能促进婴幼儿的神经和骨骼发育，是孕产妇极佳的营养品。

白酒奶油土豆

将奶油熬成咕嘟咕嘟冒着泡的浓汤，加入少许白酒，就能激发出诱人的香气。土豆煮至酥软，配以蘑菇、西芹、萝卜和洋葱，再加上百里香和红橄榄的点缀，口感的层次更为丰富。在寒冷的时节，盛上一碗奶油土豆，融汇了各种蔬菜滋味的奶油浓汤甫一入口，便化作丝丝温情，不但暖胃，亦能暖心。

材料 Ingredient

土豆	1个
蘑菇	50克
小胡萝卜	10根
洋葱	半个
西芹	1根
蒜	2瓣
红心橄榄	10颗
新鲜百里香	2根

调料 Seasoning

白酒	100毫升
奶油	30克
水	360毫升
月桂叶	2片
西式综合香料	1小匙

做法 Recipe

1 将土豆洗净，连皮切成块；蘑菇洗净；洋葱去皮洗净，切片；西芹去粗皮，洗净，切小块；蒜去皮洗净，切厚片；百里香洗净，切碎，备用。

2 将小胡萝卜、红心橄榄等剩余材料均洗净。

3 将所有调料放入锅中，以中火煮开，再将土豆、小胡萝卜、蘑菇、洋葱、西芹、蒜、百里香，依软硬度顺序加入，直至煮熟、煮软。

4 将煮好的材料捞起盛盘，加入红心橄榄装饰即可。

小贴士 Tips

+ 发芽的土豆含有有毒成分——茄碱，如果想要食用发芽的土豆时，应深挖掉发芽部分及芽眼周围，再用水浸泡半小时以上。

食材特点 Characteristics

土豆：含有丰富的膳食纤维，食用后停留在肠道中的时间较长，更具饱腹感，并有助于体内油脂和垃圾的排出，具有一定的通便排毒作用。

蘑菇：营养丰富，富含人体必需的氨基酸、矿物质、维生素和多糖等营养成分，经常食用蘑菇能促进人体对其他营养物质的吸收。

舌尖上的西西里：
意式炖蔬菜

西葫芦柔软，玉米笋脆甜，红甜椒肥厚，罗勒与蒜结合散发出淡淡辛香，黑胡椒和月桂叶仿佛魔术师的咒语，经过恰到好处的炖煮，整张餐桌都弥漫着开胃的酸香滋味。意大利风情不仅在那一片浪漫的地中海和蓝天白云里，更在这别具一格的一蔬一饭中，当浓郁的异域气息充斥唇舌之间，似乎只要眯起双眼，就能望见西西里优雅的海岸线。

材料 Ingredient

西葫芦	1个
玉米笋	5根
红甜椒	半个
蒜	2瓣
罗勒	2根
水	500毫升

调料 Seasoning

橄榄油	20毫升
白酒醋	1大匙
盐	适量
黑胡椒粉	适量
月桂叶	2片

做法 Recipe

① 将西葫芦洗净，切成小块；玉米笋洗净，去蒂；红甜椒洗净，切片；蒜去皮洗净后切片；罗勒洗净，备用。

② 锅置火上，倒入水，将西葫芦、玉米笋、红甜椒、蒜、罗勒依序放入锅中，再加入所有调料，盖上锅盖，以中小火炖煮约15分钟即可。

小贴士 Tips

⊕ 白酒醋味道温和，没有红酒醋那么甜，适合与盐、胡椒等调料搭配使用。

食材特点 Characteristics

西葫芦：中医认为，西葫芦具有清热利尿、除烦止渴、润肺止咳、消肿散结的功效，可辅助治疗水肿、腹胀、烦渴、疮毒以及肾炎、肝硬化腹水等症。

玉米笋：甜玉米细小幼嫩的果穗，含有维生素、蛋白质和矿物质，营养价值极高，而且口感甜脆、鲜嫩可口，具有独特的清香。

极致软嫩浓滑：

西班牙烘蛋派

没有人能拒绝温柔的口感，而西班牙烘蛋派便是将"软嫩"这个特质发挥到极致的一道菜。首先选用土豆、西蓝花、圣女果等蔬菜，搭配略微辛辣的洋葱，再用柔腻的奶油将它们炒软，此时加入打至柔滑的蛋液迅速搅拌，充分融合之后再用烤箱烘制。成型之后的蛋派被浓郁奶香层层包裹，每一口都充满了惊喜。

材料 Ingredient

鸡蛋	6个
洋葱	30克
圣女果	4个
西式火腿片	2片
红甜椒	30克
黄甜椒	30克
奶酪	50克
西蓝花	30克
黑橄榄	4颗
土豆	30克

调料 Seasoning

奶油	60克
盐	适量
白胡椒粉	适量

做法 Recipe

1. 将洋葱去皮，和圣女果、红甜椒、黄甜椒、黑橄榄一起洗净，切小片；火腿片切小块；西蓝花、土豆均洗净，切小丁。

2. 将鸡蛋打散，并与盐、白胡椒粉充分搅拌均匀；奶酪切丁，备用。

3. 取一小型平底锅，放入奶油加热融化后，依序加入洋葱、圣女果、火腿、红甜椒、黄甜椒、黑橄榄、西蓝花、土豆炒香。

4. 倒入蛋液，在锅内快速搅拌，直至蛋液呈半熟凝固状态时放入奶酪丁，最后连同锅放入烤箱，以180℃烤约8分钟即可。

小贴士 Tips

+ 因为锅要放入烤箱，切记一定要注意锅适用于烤箱，特别是锅把的材质禁止使用塑料。如果没有烤箱，也可等待奶酪融化后，再翻面将蛋煎熟。

食材特点 Characteristics

火腿：西式火腿一般由猪肉加工而成，与中国传统火腿在形状、加工工艺、风味上面有很大区别。

黑橄榄：又称油橄榄，富含钙质和维生素C，且易被人体吸收。黑橄榄能散发出沁人心脾的香味，是西餐中常用的食材。

香菇嫩鸡卷

　　香菇与鸡肉是非常完美的搭档，二者浓郁的滋味相得益彰，叠加可获得的鲜美不只双倍，只需简单烹制就能收获美味。香菇嫩鸡卷却并不止步于此，而是别出心裁地用起酥皮将填料与奶酪一同包裹，让人同时享受到层层酥脆和粒粒温软的双重口感。不仅带来了充实的饱腹感，并且无须担忧热量过高，实在是健康之选。

材料 Ingredient

鲜香菇丁	30克
蘑菇丁	30克
鸡肉丁	200克
洋葱丁	20克
奶酪丝	20克
起酥皮	1片
蛋黄	半个

调料 Seasoning

盐	1/4小匙
胡椒粉	1/4小匙
鲜奶油	100毫升

做法 Recipe

1. 热一锅，放入少许食用油，加入洋葱丁、鸡肉丁、鲜香菇丁和蘑菇丁炒香。

2. 在锅中加入所有调料，以小火炒匀，盛盘置凉。

3. 将炒好的菜肴放于起酥皮上，洒上奶酪丝，卷起封口，表面涂上蛋黄。

4. 将填好馅料的起酥皮放入烤箱中，以200℃烤约3分钟至金黄色，取出即可食用。

小贴士 Tips

+ 起酥皮一般在大超市或者烘焙店都有售，也可自制。

食材特点 Characteristics

鸡肉：富含维生素，蛋白质的含量也比较高，而且消化率高，很容易被人体吸收利用，有强健体魄的作用。

蛋黄：鸡蛋的蛋白质集中在蛋清和蛋膜，其余营养物质则集中在蛋黄。蛋黄富含脂溶性维生素、单不饱和脂肪酸，以及磷、铁等矿物质。

怡人酸甜：
虾仁莴苣沙拉

翠绿的莴苣片铺在盘底，搭配爽口的鲜豆苗，高汤汆煮过的鲜嫩虾仁，经火烘烤的脆甜法式面包丁。单是外观已经令人眼前一亮，再加上层次丰富的口感，这道风味清新的沙拉可谓开胃佳品。最为特别的是沙拉搭配的姜醋汁，生姜的辛和酒醋的酸混合，隐隐透出甜鲜与微辣，浓郁却不油腻，可以满足每一个口味挑剔的饕客。

材料 Ingredient

虾仁	120克
莴苣	150克
（绿莴苣及紫莴苣）	
绿豆苗	适量
法国面包丁	20克
香芹碎	3克
高汤	200毫升

调料 Seasoning

白酒醋	60毫升
姜	30克
白糖	适量
盐	适量
胡椒粉	适量
橄榄油	180毫升

做法 Recipe

1. 取一锅，放入高汤煮至沸腾，再放入洗净的虾仁以小火汆烫至熟，捞起备用；法国面包丁放入烤箱中略烤至上色，备用。

2. 将莴苣洗净，沥干水分，切片备用。

3. 姜去皮，洗净，切成小碎丁；取平底锅以小火加热后，先加入白酒醋及适量的白糖、盐和胡椒粉略煮一下，再加入姜碎、橄榄油续煮10～20秒钟，即成姜醋汁。

4. 取一碗，先放入莴苣片，再放入虾仁，撒上烤过的法国面包丁、洗净的绿豆苗，最后淋入姜醋汁，撒上香芹碎即可。

小贴士 Tips

+ 做这道菜最好使用白砂糖，如果用绵白糖会有些过甜。

食材特点 Characteristics

莴苣：又名莴笋、春菜、麦菜，是一种很常见的蔬菜，中国人大多是煮熟后食用；而在西方，人们往往放在沙拉、汉堡等食品中生食。

法国面包：因外形像一根长长的棍子，所以俗称"法棍"，是一种起源法国的硬式面包。这种面包主要由小麦粉、盐、酵母和水等原料制做而成。

夏娃的诱惑：

苹果鸡丝沙拉

夏娃在伊甸园里偷食禁果的故事，让苹果成了诱惑的代名词，它香气袭人，口感爽脆，滋味酸甜而且汁水丰富，令人难以抗拒。鸡丝与苹果丝的鲜美滋味相互渗透，加上西芹和甜椒的清脆口感，不需过度调制便已经让人馋涎欲滴。这道菜低热量，高纤维，即便大快朵颐也不用担心发胖，反倒可以美容养颜，吃出水嫩的肌肤。

材料 Ingredient

苹果	2个
鸡胸肉	250克
西芹	120克
红甜椒	1个
黄甜椒	1个
姜片	1片
苜蓿芽	适量

腌料 Marinade

米酒	1大匙
盐	1/2小匙

调料 Seasoning

橄榄油	2大匙
苹果醋	1大匙
盐	1小匙
枫糖浆	2小匙

做法 Recipe

① 将鸡胸肉与姜片均洗净，一起放入碗中，加入所有腌料腌制入味，再放入烤箱烤熟，取出待凉切丝。

② 将西芹去皮，洗净，切丝，放入沸水中汆烫，捞起放入冷水中泡凉。

③ 将红甜椒、黄甜椒均洗净，去蒂、去籽，放入冰水中泡10分钟后，捞出切丝。

④ 将苹果切丝，放入加有少许盐(分量外)的冰开水中浸泡5分钟，再沥干盛入盘中，加入鸡胸肉、西芹、红甜椒、黄甜椒。

⑤ 将所有调料倒入小碗中调匀，淋在盘中即可。

小贴士 Tips

⊕ 枫糖浆根据采集时间的不同分成不同的等级，不同等级的枫糖浆颜色、口感、矿物质含量均有所不同。

食材特点 Characteristics

苹果：味甜、口感爽脆，含有丰富的碳水化合物、维生素和微量元素，另含有苹果酸、酒石酸、胡萝卜素等，营养价值极高。

枫糖浆：加拿大特产之一，由糖枫树的树汁熬制而成。这种糖浆香甜如蜜，风味独特，富含矿物质和有机酸，热量比其他糖类要低。

来自海洋的馈赠：
葡萄柚金枪鱼沙拉

光是看着金枪鱼那胭脂色柔嫩的外表就足以让人心动，低脂、低热量、高蛋白的特点让人不得不偏爱，细腻的口感更是让人一吃难忘。金枪鱼将如此多的优点集于一身，怎能不广受宠爱？当葡萄柚的酸香、生菜丝的爽脆、小黄瓜的清新和葡萄干的甜腻加在一起，将金枪鱼的鲜嫩口感激发出来，成就了这一道来自深海的美味诱惑。

材料 Ingredient		调料 Seasoning	
葡萄柚	1个	橄榄油	15毫升
金枪鱼罐头	1罐	苹果醋	15毫升
葡萄干	适量	柠檬汁	15毫升
生菜丝	200克	白胡椒粉	适量
小黄瓜末	适量	美奶滋	200克
苜蓿芽	适量		

做法 Recipe

1. 将葡萄柚洗净，去皮，果肉切小块；将金枪鱼取出，清洗后沥掉油水，备用。

2. 将所有材料与调料放进碗中，搅拌均匀即可。

极致和之味:

日式生菜沙拉

　　和食对"色、香、味"的追求永无止境，即便只是一道简单的沙拉，也融入了匠心。玉米、生菜、小黄瓜和西红柿，看似与印象中的日本料理食材相去甚远，尝试后才可以体会到搭配的妙处。最为画龙点睛的是酱汁里透出的芥末辛香，令食客一瞬间领略和食的精髓，恍惚间如同置身于微雨的春日午后，肆意地走在京都的青石路上。

材料 Ingredient

生菜	50克
玉米	1个
西红柿块	100克
小黄瓜片	40克

调料 Seasoning

酱油	200毫升
味啉	60毫升
柠檬汁	20毫升
苹果醋	30毫升
芥末子	2大匙
白糖	2大匙

做法 Recipe

1. 将所有调料放入果汁机中，搅打均匀成酱汁，倒出备用。

2. 将玉米洗净，整个放入锅中，煮约10分钟后取出放凉，切小段后将玉米粒切下。

3. 将生菜洗净、展开，铺于碗底，依序将玉米段、西红柿块和小黄瓜片放入盘中，淋上适量酱汁即可。

鲜与辣的天作之合：

辣味鲜鱼沙拉

　　鲷鱼种类多样，吃法也多变，每一种都有其特别的滋味。本品中，雪白的鱼片经过悉心的腌制，已经融入了胡椒的辛辣，再用热油一激，轻轻松松蒸腾出鲜美的香气。此时，胡萝卜的甜和白萝卜的脆成为鱼片最好的搭档。玉米莎莎酱的口感让整盘食物拥有了更丰富的层次，这样一份鲜美的辣味沙拉，实在让人无法拒绝。

材料 Ingredient

鲷鱼肉	120克
胡萝卜	20克
白萝卜	20克
中筋面粉	适量
高汤	200毫升

调料 Seasoning

玉米莎莎酱	2大匙
盐	适量
胡椒粉	适量

做法 Recipe

1. 将胡萝卜、白萝卜均洗净，切条，一起放入煮沸的高汤中汆烫至熟，摆盘备用。

2. 将鲷鱼肉洗净，沥干，撒上盐、胡椒粉调味，再均匀地沾裹上一层中筋面粉，备用。

3. 平底锅放入适量的食用油，烧热，将鲷鱼片煎熟，放入铺有胡萝卜条和白萝卜条的盘中，最后淋上玉米莎莎酱即可。

小贴士 Tips

+ 玉米莎莎酱的原料主要包括玉米、洋葱、牛油果、橄榄、红酒醋、柠檬汁等，虽然制作起来并不复杂，但准备材料比较麻烦，可用现成酱料代替。

食材特点 Characteristics

胡萝卜：营养丰富，有辅助治疗夜盲症的功效，还具有保护呼吸道和促进儿童生长等功能。此外，还含有钙、磷、铁等矿物质。

白萝卜：具有清热生津、凉血止血、下气宽中、消食化滞、开胃健脾、顺气化痰的功效。由于富含维生素C，白萝卜还具有一定的美白作用。

通心粉沙拉

通心粉本来只是寻常主食，却总能因主厨的巧思成为餐桌上独特的风景。生菜、甜椒和通心粉组合在一起看似平淡无奇，而一旦加上特调红葱头酱汁，就会让人无法忘怀。红葱头这种当年随着十字军东征传遍欧洲的食材别具风味，不仅有扑鼻葱香，更有一种辣中微甜的味道，与蒜和芥末的辛香交织在一起，别具一格。

材料 Ingredient

通心粉	80克
红甜椒	20克
黄甜椒	20克
生菜	50克
高汤	200毫升

调料 Seasoning

红葱头碎	适量
蒜碎	适量
白醋（或米醋）	20毫升
盐	适量
白胡椒粉	适量
芥末酱	10克
橄榄油	60毫升

做法 Recipe

1. 取汤锅，放入高汤煮至沸腾时，放入通心粉以中火煮10分钟至熟，捞起沥干；生菜洗净，切段；红甜椒、黄甜椒均洗净，切丁备用。

2. 将红葱头碎、蒜碎放入大碗中，加入白醋和适量的盐、白胡椒粉，再加入芥末酱拌匀后，慢慢倒入橄榄油至酱汁变浓稠，搅拌均匀即成芥末橄榄酱。

3. 将煮熟的通心粉与生菜、红甜椒、黄甜椒混合，最后拌入芥末橄榄酱即可。

小贴士 Tips

+ 如果有吃不完的蒜，可将其贮藏。在贮藏前应先将其晾干，否则蒜会因湿度过高而腐烂。在干燥通风的环境下，蒜能保存半年之久。

食材特点 Characteristics

通心粉：又称通心面，国际上统称麦卡罗尼，是一种以小麦粉为原料的面制品，有实心和空心之分，是西方国家日常食用的面制品之一。

生菜：可生食，脆嫩爽口、略甜。生菜营养丰富，富含维生素、膳食纤维和微量元素，具有清热、养胃、促进血液循环等功效。

那一口东南亚风情：

泰式奶酪海鲜沙拉

　　泰式海鲜如果没有酸辣滋味，也就失去了灵魂。因此，一道泰式海鲜料理中断然不能缺少柠檬汁、黑胡椒和秘制酸辣酱。本品中的虾仁、鱿鱼圈与蛤蜊有水产品独特的鲜美，最后入席的奶酪能完美中和其他调料过于刺激霸道的味道，呈现出更能取悦味蕾的独特风味，尝上一口便如同赤足踏在东南亚热辣的海滩之上。

材料 Ingredient

虾仁	30克
鱿鱼	30克
蛤蜊	20克
洋葱丁	10克
红甜椒丁	10克
黄甜椒丁	10克
绿豆苗	适量
奶酪	6块

调料 Seasoning

泰式酸辣酱	20毫升
柠檬汁	5毫升
黑胡椒粉	适量
盐	适量

做法 Recipe

1. 将虾仁、鱿鱼、蛤蜊均洗净，分别放入沸水中汆烫至熟，捞起放凉；鱿鱼切圈，备用。

2. 将所有调料混合均匀成酱汁，备用。

3. 将虾仁、鱿鱼、蛤蜊、洋葱丁、红甜椒丁、黄甜椒丁、绿豆苗及奶酪依次放入盘中混合，并淋上酱汁拌匀即可。

小贴士 Tips

+ 柠檬汁不可用白醋代替，否则会影响口味。

+ 本品冷藏后再食用口感更佳。

食材特点 Characteristics

鱿鱼：营养价值极高，但由于其胆固醇的含量也较高，所以高脂血症、动脉硬化等心脑血管病及肝病患者应慎食。

黑胡椒粉：由黑胡椒研末而成，味道比白胡椒粉更为浓郁，主要用于烹制肉类和火锅。将之应用于烹调上，可使菜肴达到香中带辣、美味醒胃的效果。

第三章

营养低糖的美味大菜

百花齐放的晚宴大菜

中国人爱吃，也最讲究吃。这里的"吃"绝不是"饱暖思淫欲"里的"果腹"，而是孔子口中的"食不厌精，脍不厌细"。中国人吃的讲究，从孔夫子的"失饪，不食。不时，不食。割不正，不食。不得其酱，不食"；到北魏《齐民要术》中记载吃鱼肉需配上用8种配料调和制作的蘸料；再到国画大师张大千传授夫人烹制"红烧狮子头"的三句真言——"选肉三肥七瘦，刀落细切粗斩，肉质含汁易团"，都足以例证。

中国人好吃，从源远流长的饮食文化中亦可见一斑。那些烦琐的餐桌礼仪和"莼鲈之思"的美谈自不必说。若要谈论美食，那些选料考究、制作精细、色香味俱全的美味大菜则不可不提。都不用见到盘碟、闻着香气，光是一个个活色生香的菜名就足以令食客垂涎。

那些让人念念不忘的美味大菜，或饱含着历代名厨的心血，或凝结着劳动人民的智慧，或隐藏着深情款款的故事。而这些美味经一双双巧手，从传

说变成了人们五脏庙里的常客。大概只有活到一定岁数，人们才会懂得，人生除却"修身、齐家、治国、平天下"之外，踏踏实实地吃好一蔬一饭也是最值当花费时间、耗尽心思的事情。

名扬四海的美食也可能是垂手而得。苏轼二任杭州知州时，疏浚西湖，百姓抬酒担肉以表敬意。苏轼命家人将猪肉和酒烧好后给民工吃，家人误听为将黄酒和猪肉同烧，误打误撞炖出来的猪肉香酥软烂，自此东坡肉美名传扬。在大上海经营鸡粥摊的小绍兴，因为要捉弄经常白吃白拿的地痞流氓，便将掉在地上的鸡顺手在井水里洗了一下。正是这个偶然的机会，小绍兴发现浸过井水的鸡皮脆肉嫩，鲜美异常，如法炮制，自此他的白斩鸡名声大噪。

美味大菜来自精雕细琢。史书记载隋炀帝曾沿大运河南下巡访，到过扬州，据传他回到行宫之后，因留恋扬州美景，便命御厨以景为题做菜。御厨们经扬州名厨指点，百般尝试，反复打磨终于做成了松鼠桂鱼、金钱虾饼、

象牙鸡条和葵花斩肉四道名菜，博得了皇帝的欢心。南方菜系中常见的香酥鸭，也是中餐精雕细琢的又一例证。选用上好的肥公鸭，经多种调味品腌制入味，再上笼蒸至内骨熟烂，最后入大火烧旺的油锅炸至表皮金黄，吃时再切成小段，蘸上蘸料，满口鲜香。

中国文化中有"借势"一说，这在烹饪上也体现得淋漓尽致。看那荷叶蒸排骨，鲜美肥嫩的排骨吸饱了荷叶的清新味道；花雕蒸全鸡，用馥郁醇厚的花雕酒浸泡鸡肉，鸡肉就多了一丝酒香；梅菜扣肉，甘洌的梅菜吸收了油汁，大片五花肉香而不腻。懂得"借势"的菜肴最会这样"取长补短"。

天时地利与人和成就美味的珍贵。青蟹米糕的制作离不开软糯晶莹的白米和收获时节的青蟹，正是"天时地利"和"人和"成就的美食。红烧鲈鱼里的思乡之情，每当秋风起时，那句"江上往来人，但爱鲈鱼美"就会悠然飘出嘴边。

烹饪最大的秘诀莫过于用心。虾味蛋卷这样老少皆宜、南北皆有的美味最考验烹饪者投入的心思，单是那一张张金黄的鸡蛋饼从碗里溜到锅里，就需要费上不少功夫。制做四宝猪肚汤这样温胃驱寒的大补汤极为耗时，如果不是藏着深深的牵挂，是经不起几个小时的等待的。

只要用心烹饪，新鲜的食材佐以精选的调料就会变幻出无穷的味道。美食最怕用心，那些看似工艺复杂的大菜，只要细细分出烹饪步骤，花上些许心思，穿上围裙，耐心地遵照步骤，也能轻松做出来。一桌晚宴成功与否全在用心。

食之美色：

红烧狮子头

　　狮子头，即扬州人口中的"大斩肉"。据传当年隋炀帝南下时，因留恋扬州美景，回宫后便命御厨以景为题做菜，"葵花斩肉"就是其一。唐代郇国公宴客，见那巨大的肉团子做成的葵花心状似"雄狮之头"，故将其改名为"狮子头"。团好的精细肉粒红润油亮，配以翠绿和白菜，青红色相映成趣，光是看着就已经让人垂涎欲滴了。

材料 Ingredient

猪肉馅	500克
荸荠	80克
白菜	适量
姜	300克
葱白	2根
水	50毫升
鸡蛋液	适量

调料 Seasoning

A:		B:	
绍酒	1茶匙	姜片	3片
盐	1茶匙	葱段	适量
酱油	1茶匙	水	600毫升
白糖	1大匙	酱油	3大匙
淀粉	2茶匙	白糖	1茶匙
水淀粉	3大匙	绍酒	2大匙

做法 Recipe

❶ 将荸荠去皮，洗净，切末；姜去皮，洗净，切末；葱白洗净，切段，加水打成汁后过滤去渣；白菜洗净，放入沸水中焯烫，捞起沥干，备用。

❷ 将猪肉馅和盐混合，摔打搅拌呈胶黏状；再依次加入做法1中的材料、鸡蛋液和调料A中的绍酒、盐、酱油、白糖，并搅拌摔打；随后加入淀粉拌匀，均匀地分成7颗肉丸；再用手蘸取水淀粉均匀地裹在肉丸上。

❸ 备一锅油，烧热，将肉丸放入油锅中炸至表面呈金黄后捞出。

❹ 另取一锅，先放入所有的调料B，再放入炸过的肉丸，以小火炖煮1个小时，最后放入白菜即可。

食材特点 Characteristics

荸荠：有"地下雪梨""江南人参"之称，它含有维生素和粗纤维，具有止渴、消食、解热等功能。

白菜：我国常见的蔬菜，性平、味甘，有清热除烦、解渴利尿、通利肠胃的功效，经常吃白菜可预防维生素C缺乏症。

不可辜负"齿留香"：
东坡肉

到了浙杭，除赏美景外，最不能辜负的美食就是"东坡肉"了。那一块块五花猪肉肥瘦相间、肉嫩皮薄、色美香溢、酥烂而形整、香糯而不腻。苏东坡在《炖肉歌》中写道："慢着火、少着水，柴火罨焰烟不起，待它自熟莫催它，火候足时它自美。"三言两语便道出了东坡肉制作的要义，那回味无穷的满口醇香真是似在嘴边了。

材料 Ingredient

五花肉	200克
西蓝花	8朵
姜	7克
葱	1根
红辣椒	1/3个
棉绳	50厘米
水	700毫升

调料 Seasoning

酱油	5大匙
白糖	1大匙
香油	1小匙
番茄酱	1大匙
盐	适量
白胡椒粉	适量

做法 Recipe

1. 将五花肉洗净，切成边长约为5厘米的块状；用棉绳将五花肉交错绑成十字状；西蓝花洗净，备用。

2. 取一锅，倒入水煮至滚沸，放入绑好的五花肉焯烫至变色，捞起沥干，备用。

3. 姜、红辣椒均洗净，切片；葱洗净，切段；一起放入烧热的锅中炒香。

4. 锅中加入所有调料、水、五花肉块和西蓝花烹煮。

5. 盖上锅盖，以中小火焖煮约35分钟至汤汁略收即可。

小贴士 Tips

+ 烹饪期间可以适当地翻动一下肉，以免上色不均匀或粘锅，翻动1~2次即可。

+ 可以用花雕酒代替水烧肉，不但可以去除腥味，而且还能使肉质更加酥软。

食材特点 Characteristics

姜：一种极为重要的调味品，较少单独食用。姜能刺激胃黏膜，引起血管运动中枢及交感神经的反射性兴奋，从而促进血液循环。

红辣椒：红辣椒比黄辣椒、绿辣椒含有更多的维生素C和胡萝卜素，不仅可作为蔬菜食用，还有活血、散寒、解郁和健胃的功效。

传统养生菜：
香酥鸭

　　南方菜系向来注重烹饪技法，讲究原料配比，香酥鸭就是这样一道传统名菜。在江苏、四川、湖南等地，无论是名盛酒楼还是家常小馆，香酥鸭都是餐桌上的常客。其特点有三，一腌肉入味，二蒸骨熟烂，三炸皮酥脆。鸭肉切块上盘，醮上一口酱料，大口一咬，味道鲜美。香酥鸭还有健脾开胃、增强骨质、舒活血管等多种功效。

材料 Ingredient

鸭	半只
姜	4片
葱段	10克

调料 Seasoning

盐	1大匙
八角	4个
花椒	1茶匙
五香粉	1/2茶匙
白糖	1茶匙
鸡精	1/2茶匙
料酒	3大匙
椒盐粉	适量

做法 Recipe

① 将鸭洗净，沥干水分备用。

② 将盐放入锅中炒热，关火后加入八角、花椒、五香粉、白糖和鸡精，拌匀成酱汁。

③ 将酱汁趁热涂抹在鸭身上，静置30分钟，再淋上料酒，放入姜片、葱段蒸2个小时，然后取出沥干放凉。

④ 将鸭肉放入油温为180℃的油锅中，炸至金黄后捞出沥干，然后去骨切块，蘸椒盐粉即可食用。

小贴士 Tips

⊕ 应先用干锅炒香盐和花椒为主的调料，将调料抹在鸭身上再进行下一步处理。除了炒料，炸鸭子也需注意火候，保证香酥。这样炸熟的鸭肉本身就有味道，蘸上椒盐粉后味道更香。

食材特点 Characteristics

鸭：中医认为，鸭肉性寒、味甘，有滋补、养胃、补肾、消水肿、止热痢等作用，尤其适合体质虚弱、发热、大便干燥者食用。

八角：又称大茴香、大料，是烹饪中不可缺少的调味品，具有祛风理气、和胃调中的功效，适用于中寒呕逆、腹部冷痛、胃部胀闷等症。

弄堂里的精细美味:
蒜香蒸排骨

　　蒜和肉在烹饪中是一组最佳搭配。这道来自上海弄堂里的蒜香排骨,总会让我想起蹲在厨房门口的花猫,和它那毫不掩饰的贪婪神情。上海人精细,从菜肴中就可窥见一斑,既要吃得精致,又得精打细算。"吃肉不吃蒜,营养减一半",大蒜祛腥提味、健脾开胃,排骨吸饱了蒜香,愈发鲜嫩诱人,如此营养味美的菜肴正是活脱脱的上海代表。

材料 Ingredient

猪小排	300克
小苏打粉	1茶匙
蒜	30克

调料 Seasoning

盐	1茶匙
白糖	2茶匙
酱油	1/4茶匙
淀粉	1大匙
胡椒粉	1/4茶匙

做法 Recipe

1. 将猪小排洗净,剁成小块,放入容器中,加水没过猪小排表面,拌入小苏打粉泡2个小时。

2. 将猪小排块冲水后沥干。

3. 将蒜洗净,切碎,用2大匙色拉油以小火炸至金黄,然后滤出成蒜酥和蒜油,备用。

4. 将猪小排和所有调料混合,并用筷子不断搅拌约3分钟,然后加入一半的蒜酥及所有蒜油拌匀。

5. 将拌好的猪小排放入锅中,以中火蒸约10分钟后取出,撒上另外一半的蒜酥即可。

小贴士 Tips

+ 猪小排要挑水分少、颜色新鲜、肥瘦相间的,这样烹饪出的成品才好吃。

食材特点 Characteristics

猪小排:又名猪肋排,是指猪腹腔靠近肚腩部分的排骨,肉层比较厚,并带有白色软骨,富含优质的蛋白质和人体必需的脂肪酸。

小苏打:也称食用碱,将小苏打融水和入面能使面食更加蓬松,但如果添加过量会影响食物口感。痛风患者要注意少食。

一派江南采莲景：
荷叶蒸排骨

"江南可采莲，莲叶何田田。"透过一句诗词就能想到江南水乡那层层的荷叶、摇着小船采莲的女子和洒满阳光的夏日荷塘。美景和美食向来相生相伴，荷叶蒸排骨大概就将这江南采莲景移上了餐桌。用荷叶包裹的菜肴沾染了一派清新，翻开荷叶可见颗粒饱满、晶莹透亮的米粉，排骨肉鲜美肥嫩，一顿晚餐便是一场赏心乐事。

材料 Ingredient

猪小排	300克
荷叶	1张
酸菜	150克
红辣椒	1个
葱花	适量
蒸肉粉	1小包

调料 Seasoning

白糖	1小匙
酱油	1大匙
料酒	1大匙
香油	1小匙

做法 Recipe

❶ 将猪小排以活水冲泡约3分钟，斩块备用；荷叶洗净，放入沸水中烫软捞出，刷洗干净后擦干。

❷ 将猪小排加入所有调料及蒸肉粉拌匀，腌制约5分钟；酸菜洗净，浸泡冷水中约10分钟，切丝备用。

❸ 将红辣椒洗净，切片，加入蒸肉粉中拌匀。

❹ 将荷叶铺平，放入一半猪小排后，放上酸菜丝，再放上剩余的猪小排；将荷叶包好后，放入蒸笼蒸约25分钟，取出，撒上葱花即可。

小贴士 Tips

➕ 在选用荷叶时，以叶大、整洁、色绿者为佳。

食材特点 Characteristics

荷叶：用荷叶包裹食物再进行烹饪，目的是取其清香增味解腻。另外，荷叶含有大量纤维，可以促使大肠蠕动，有助排便。

料酒：具有增加食物香味，去腥解腻的作用，富含多种人体必需的营养成分，还可以减少烹饪过程中对蔬菜所含叶绿素的破坏。

雅致经典开胃菜：
花雕蒸全鸡

　　小时候的夏天，除了堤岸边葱郁的杨柳、满耳的蝉鸣，留在记忆深处的就是井水冰镇的西瓜和一道道清凉的小菜了。花雕鸡就是适合夏日的开胃小菜之一。用上好糯米酿成的花雕酒与其他调味品混合拌匀，涂抹在土鸡上，静置入味。整鸡装盘蒸熟，一掀锅，馥郁醇厚的酒香就扑鼻而来。冷却放凉，吃的时候端出一盘，佐粥下酒都是极妙。

材料 Ingredient

土鸡	1只
洋葱丝	100克
葱段	1根
姜片	6片
红葱头	30克

调料 Seasoning

盐	1大匙
白糖	1茶匙
花雕酒	300毫升

做法 Recipe

❶ 将土鸡去毛、洗净，从背部剖开备用；取一容器，放入洋葱丝、葱段、姜片、红葱头和所有调料，用手抓匀出香味。

❷ 将土鸡用调好的材料抹匀，放入冰箱静置3个小时。

❸ 将土鸡取出装盘，放入蒸锅蒸约50分钟。

❹ 取出放凉，食用时剁成小块即可。

原汁原味"霸一方"：

白斩鸡

　　白斩鸡，始于清朝的民间酒店，整鸡不加调味白煮而成，随吃随斩，因此得名"白斩鸡"。经过数百年的改良，白斩鸡在保留传统白水焯烫的基础上，加入了些许调味品提味，既使得鸡肉滑爽鲜美，又最大限度保证原汁原味。如今，各大菜系中与鸡有关的菜式加起来多达千余种，烹饪手法花样繁多，但滋味淳朴的白斩鸡却始终有着不可替代的魅力。

材料 Ingredient		蘸料	
土鸡	1只	素蚝油	50克
（约1500克）		酱油	适量
姜片	3片	白糖	适量
葱段	10克	香油	适量
		蒜末	适量
调料 Seasoning		辣椒末	适量
料酒	1大匙		

做法 Recipe

❶ 将土鸡去毛，洗净，放入沸水中焯烫，再捞出沥干，重复上述做法3~4次。

❷ 将焯烫过的土鸡放入装有冰块的盆中，待外皮冰镇冷却后再放回原锅中，加入料酒、姜片和葱段，以中火煮约15分钟后熄火，盖上盖续闷约30分钟后取出，待凉后剁块盛盘。

❸ 取150毫升鸡汤，加入其余蘸料调匀，食用鸡块时蘸汁即可。

纯美的真爱：
梅菜扣肉

梅菜扣肉是一道客家传统名菜，菜品本身就极具卖相。大片五花肉，颜色酱红油亮，入嘴溜滑醇香；梅菜吸油，自带甘洌清香，入了肉汁，香而不腻。二者荤素搭配，真可谓是"品貌俱全"的佳品。

材料 Ingredient

A:

五花肉	500克
梅菜	250克
香菜叶	适量

B:

蒜碎	5克
姜碎	5克
辣椒碎	5克

调料 Seasoning

鸡精	1/2小匙
白糖	1小匙
料酒	2大匙
酱油	2大匙

做法 Recipe

1. 将梅菜用水泡约5分钟，洗净，切小段。

2. 热一锅，加入2大匙色拉油，爆香所有材料B，再放入梅菜段翻炒，并加入所有调料（除酱油）炒匀，盛出备用。

3. 将五花肉洗净，切片，放入沸水中焯烫约20分钟，取出后待凉，再用酱油拌匀腌制约5分钟，随后放入锅中炒香。

4. 取扣碗，排入五花肉片，再放上梅菜，放入蒸笼蒸约2小时，取出倒扣于盘中，撒上香菜叶即可。

小贴士 Tips

+ 炒五花肉的时候要肉皮向下，开小火，以防止将肉炒煳。

+ 如果选用的是梅菜干，建议提前一晚就泡上，去除多余的咸味。泡好的梅菜干还要多冲洗几次，避免梅菜干中有沙子残留，影响口感。

食材特点 Characteristics

梅菜：又称"惠州贡菜"，属于腌制食品，是用新鲜的梅菜经晾晒、精选、飘盐等多道工序加工制成。

酱油：主要是由大豆、小麦、盐等经过制油、发酵等程序酿制而成。一般分老抽和生抽两种：生抽较咸，用于提鲜；老抽较淡，用于提色。

"鱼" 香不怕巷子深：
砂锅鱼头

　　大概所有尝过砂锅鱼头的人都难忘它的汤鲜汁浓。如果你也知道它背后的故事，再吃的时候应该会更添一分感慨。1982年，75个国家的驻华使节携夫人在江苏溧阳天目湖用餐，当尝到厨师朱顺才用鱼头熬成的汤时，大家都为它的鲜美所打动，纷纷以汤代酒干杯。那次宴会之后，砂锅鱼头一举扬名，并走入寻常百姓家。

材料 Ingredient

鲢鱼头	1/2个
板豆腐	1块
芋头	200克
包心白菜	1个
葱段	30克
姜片	10克
蛤蜊	8个
豆腐角	10个
黑木耳	30克
水	1000毫升

腌料 Marinade

盐	1茶匙
白糖	1/2茶匙
淀粉	3大匙
鸡蛋液	适量
胡椒粉	1/2茶匙
香油	1/2茶匙

调料 Seasoning

盐	1/2茶匙
蚝油	1大匙

做法 Recipe

1. 将腌料混合拌匀，均匀地涂在鲢鱼头上；随后将鲢鱼头放入油锅中，炸至表面呈金黄色，捞出沥油。

2. 芋头去皮，洗净，切成长方块；蛤蜊吐沙，洗净。

3. 将板豆腐和芋头分别放入油锅中，以小火炸至表面呈金黄色，捞出沥油。

4. 将包心白菜洗净，切成大片后放入滚水中焯烫，再捞起沥干放入砂锅底。

5. 砂锅中依序放入鲢鱼头、葱段、姜片、豆腐角、黑木耳、炸过的芋头块和板豆腐，加入水和所有调料，煮约12分钟，续加入蛤蜊煮至开壳即可。

小贴士 Tips

+ 给芋头去皮时很容易引起手部皮肤发痒，所以去皮时最好戴上手套。

食材特点 Characteristics

鲢鱼：鲢鱼性平、味甘、无毒，其肉质鲜嫩、营养丰富，有温中益气的功效，但多食会使人酿生温热而出现口干症状，又易生疮。

芋头：芋头口感细软、绵甜香糯，营养价值近似于土豆，但更易于消化。芋头还含有多种微量元素，能增强人体免疫力。

海中滋补珍品：

红烧海参

逢年过节回家，爸妈总会为在外奔波的我们烧上一桌美味珍馐，饱含着浓浓的爱意。每次吃完，总想着下次自己也来几个拿手好菜孝敬一下父母，这道红烧海参就非常适宜老人进补。它既是宴席佳肴，又是滋补珍品，营养价值颇高，可以补肾益精、润燥通便、软化血管。海参高蛋白、低脂肪的特点，对高血压、高脂血症、冠心病患者而言尤为有益。

材料 Ingredient

海参	2个
熟鹌鹑蛋	10个
虾米	1茶匙
葱段	20克
蒜末	1/2茶匙
高汤	300毫升
胡萝卜片	20克
甜豆荚	10条

调料 Seasoning

豆瓣酱	1茶匙
蚝油	1大匙
盐	1/4茶匙
白糖	1/2茶匙
白酒	1茶匙
香油	1茶匙
水淀粉	1大匙

做法 Recipe

1 先将海参洗净，切长条后放入沸水中焯烫，再捞起沥干，备用。

2 取一锅，倒入适量食用油，放入虾米、葱段、蒜末爆香，炒约1分钟后放入豆瓣酱略炒，再加入高汤、海参和其余调料（水淀粉除外），以小火煮约10分钟。

3 于锅中捞掉葱段，放入熟鹌鹑蛋、胡萝卜片煮约3分钟，加入甜豆荚煮熟，最后以水淀粉勾芡即可。

小贴士 Tips

✚ 优质海参刺粗壮而挺拔，也就是俗称的短、粗、胖；而劣质海参的刺则长、尖、细。

食材特点 Characteristics

海参：同人参、燕窝、鱼翅等齐名，是世界"八大珍品"之一。中医认为海参具有补肾、益精髓、摄小便、壮阳疗痿等功效，此外，还有助于提高记忆力。

鹌鹑蛋：鹌鹑蛋虽然体积小，但它的营养价值与鸡蛋一样高，而且在营养成分上有独特之处，故有"卵中佳品"之称。

红烧鲈鱼

　　鲈鱼一向久负盛名，古往今来，歌咏者甚多。西晋京官张翰，秋风起时，见鱼贩卖鱼，不禁思念起家乡的鲈鱼和莼菜，于是毅然挂冠归乡，足见功名利禄不敌鲈鱼味美，更不敌思乡情切。张翰秋风一叹，遂成"莼鲈之思"美谈。三五好友小聚，来一道红烧鲈鱼，几杯清酒，说不尽的恩怨纠葛，道不完的风流趣事，文人情愫便在心底泛起，丝丝缕缕涌上心头。

材料 Ingredient

鲈鱼	600克
姜丝	15克
葱段	20克
红辣椒片	10克
干面粉	适量
水	150毫升

调料 Seasoning

白糖	1小匙
陈醋	1小匙
酱油	2.5大匙

腌料 Marinade

姜片	10克
葱段	10克
料酒	1大匙
盐	适量

做法 Recipe

❶ 将鲈鱼处理后洗净，加入所有腌料腌制约15分钟，将鱼拭干后抹上适量干面粉。

❷ 热一锅，倒入适量食用油，待油温加热至约160℃，放入鱼两面炸约3分钟，取出沥干，备用。

❸ 锅中留约1大匙食用油，放入姜丝、葱段、红辣椒片爆香，再加入所有调料煮沸，最后放入鱼烧煮入味即可。

小贴士 Tips

✚ 宰杀鲈鱼时应把鳃夹骨斩断，倒吊放血，这样能使鲈鱼的肉质保持白嫩。

✚ 将鲈鱼宰杀并清洗干净后，可在鱼身上斜切2刀，便于入味。

✚ 红烧鱼不一定使用鲈鱼，手头上有其他鱼也是可以的。无论是海鱼，还是淡水鱼，做法都大同小异。

食材特点 Characteristics

鲈鱼：共有四种鱼类可以被称为鲈鱼，分别是海鲈鱼、松江鲈鱼、大口黑鲈和河鲈。鲈鱼能补肝肾、健脾胃、化痰止咳，对肝肾不足的人有很好的补益作用；还可以治疗胎动不安、产后少乳等症，准妈妈和产后妇女吃鲈鱼，既可补身，又不会因营养过剩而导致肥胖。

焗烤奶油小龙虾

如果你的烤箱，只用来烤蛋糕、比萨、鸡腿，那实在是太浪费了，这道制作简单又美味的焗烤奶油小龙虾一定要列入烤箱日程。以简单的葱、蒜打底，覆上一层香甜的奶酪丝，再配上小龙虾鲜美的虾肉，一道鲜甜的烤箱料理就大功告成了。偷偷告诉你，要想让虾肉保持鲜嫩多汁，防止水分流失，一定要用中高火短时间烤制哦。

材料 Ingredient

小龙虾	2只
蒜	2瓣
葱	2根
奶酪丝	35克

调料 Seasoning

奶油	1大匙
盐	适量
白胡椒粉	适量

做法 Recipe

1 将小龙虾纵向剖开成2等份，处理干净，备用。

2 将蒜、葱去皮洗净，均切成碎末状。

3 将蒜末、葱末放在小龙虾的肉上，再放入混合拌匀的调料，撒上奶酪丝，排好放入烤盘中。

4 放入上下火200℃的烤箱中烤约10分钟，取出装盘即可。

小贴士 Tips

+ 清洗小龙虾时先用剪刀将小龙虾的背部剪开，再翻过来以同样的手法将小龙虾的腹部剪开，慢慢地掰成两半，将虾线挑出扔掉。

+ 小龙虾的头部两边有腮，不能吃，也应该剪掉。

+ 由于小龙虾的蛋白质含量较高，而蛋白质腐烂后对人体健康会带来很大损害，所以做好的小龙虾最好一次吃完。

食材特点 Characteristics

小龙虾：也称克氏原螯虾、红螯虾。小龙虾体内的蛋白质含量很高，且肉质松软易消化，对身体虚弱以及病后需要调养的人而言是极好的食物。

奶酪：一种发酵的奶制品，其性质与酸奶有相似之处，均含有乳酸菌，但是奶酪的浓度比酸奶更高，营养也更加丰富。

幸福的家常晚餐：
虾味蛋卷

　　做虾味蛋卷是很有成就感的一件事情。不仅需要成功分离蛋清、蛋黄，还很考验煎蛋饼的功力。平底锅均匀地铺上一层薄薄的油，倒进鸡蛋液，"滋啦"一声，一张金黄的鸡蛋饼顺利出锅，蛋饼轻薄而不破。裹上调好的虾仁泥，蒸好切段，摆盘上桌。伴着暖黄的灯光让夜晚溢出一种温柔的幸福，有时候幸福就是这样简单。

材料 Ingredient

虾仁	50克
荸荠	2个
葱	1根
蒜	1瓣
蛋黄	75克
（3个鸡蛋量）	
蛋清	50克
（2个鸡蛋量）	

调料 Seasoning

盐	适量
白胡椒粉	适量
香油	1小匙

做法 Recipe

❶ 将材料中的蛋黄和蛋清（取一半）混合拌匀后，倒入平底锅中煎成3张蛋皮。

❷ 将虾仁洗净，切成碎末状；将荸荠去皮洗净，葱、蒜去皮洗净，均切成碎末状。

❸ 取一容器，加入所有材料、所有调料及剩余蛋清，混合搅拌均匀成馅料。

❹ 取出1张蛋皮，加入适量馅料包卷起来，再于蛋皮外包裹上一层保鲜膜；重复此做法，直至蛋皮和馅料用尽。

❺ 电锅中加入1杯水，放入准备好的蛋卷，按下开关，蒸至开关跳起，取出，去除保鲜膜后，切段装盘即可。

小贴士 Tips

➕ 这道菜不宜与蜂蜜同食，因为蜂蜜中的各种酶会与葱发生反应，产生对人体有害的物质，容易导致腹泻或胃肠道不适。

食材特点 Characteristics

葱：含有蛋白质、碳水化合物以及维生素和矿物质。葱所含的苹果酸和磷酸糖能改善血液循环，常吃葱可减少胆固醇在血管壁上的堆积。

白胡椒粉：由白胡椒研磨而成的。相对黑胡椒而言，白胡椒的药用价值更高一些，调味作用稍次，它的味道更为辛辣，因此散寒、健胃的功效更强。

菜鸟的华丽转身：
蒜味蒸孔雀贝

　　宴请亲朋时有了这道菜，即使是"厨房菜鸟"也能来一个华丽转身。孔雀贝就是市场上卖的青口贝，因其贝壳色彩像孔雀羽毛一样蓝绿油亮而得名。孔雀贝贝肉紧实多汁，吸了一肚子的清香蒜汁，腥味尽除，只剩鲜味。孔雀贝个头较大，一口一个很容易让人满足。蒸一盘蒜香孔雀贝，整桌晚餐的档次也会提升不少。

材料 Ingredient

孔雀贝	300克
罗勒	3根
姜	10克
蒜	3瓣
红辣椒	1/3个

调料 Seasoning

酱油	1小匙
香油	1小匙
料酒	2大匙
盐	适量
白胡椒粉	适量

做法 Recipe

1. 将孔雀贝洗净，放入沸水中焯烫过水，备用。
2. 将姜、蒜、红辣椒均洗净，切成片状；罗勒洗净，备用。
3. 取一容器，倒入所有调料，混合拌匀备用。
4. 将孔雀贝放入盘中，放入所有材料（除罗勒）和拌好的调料。
5. 用耐热保鲜膜将盘口封起来，再放入蒸锅中，蒸约15分钟至熟，加罗勒摆盘即可。

小贴士 Tips

+ 如果买来的孔雀贝本来就是冷冻的，可直接放入冷冻室保存；如果是鲜活的，要先清洗并吐沙后再烹饪或保存。

食材特点 Characteristics

孔雀贝：又称青口贝、翡翠贻贝等，干制后即为"淡菜"。孔雀贝营养丰富，中医认为其具有强精益气、壮阳壮腰、利尿消肿、补肾虚、祛脂降压的功效。需要注意的是，孔雀贝不能与啤酒、红葡萄酒同食，否则会产生过多的尿酸，从而引发痛风；此外，孔雀贝也不能与空心菜、黄瓜等寒凉的食物同食。

烧烤摊的消夏美味：
炒芦笋贝

芦笋贝俗称"蛏子"。在众多海鲜之中，芦笋贝可以说是非常讨喜的角色。它价格低廉，肉厚壳薄，味道也不输昂贵海味，性价比极高。到了炎炎夏日，总能见到三五好友在烧烤摊一边吃着芦笋贝、一边喝着扎啤。不过，想吃得更开怀，更卫生的话，不妨邀上亲朋好友亲自动手制作，美味的烤肉串再加上这道经典的炒芦笋贝一定能打造一场宾主尽欢的烧烤聚会。

材料 Ingredient

芦笋贝	280克
葱	2根
姜	10克
蒜	10克
红辣椒	1个

调料 Seasoning

A：

蚝油	1大匙
白糖	1/4茶匙
料酒	1大匙

B：

香油	1茶匙

做法 Recipe

1. 待芦笋贝吐沙干净后，放入沸水中焯烫约4秒钟，取出冲凉水，洗净沥干。

2. 葱洗净，切段；姜洗净，切丝；蒜、红辣椒均洗净，切末备用。

3. 热一锅，加入1大匙油，以小火爆香葱段、姜丝、蒜末、红辣椒末后，加入芦笋贝及调料A，转大火持续炒至水分收干，再淋上香油略炒几下即可。

小贴士 Tips

+ 为了吃到新鲜卫生的芦笋贝，最好不要去街边摊，购买后自己动手做，可以保证健康又美味。

食材特点 Characteristics

芦笋贝：又称蛏子，学名缢蛏，为常见的海鲜食材，其味道鲜美、营养丰富。中医认为，蛏子有清热解毒、补阴除烦、益肾利水、产后补虚等功效。

蒜：蒜含有的硫化合物具有极强的抗菌消炎作用，对多种细菌和病毒均有抑制和杀灭作用。此外，还可促进胰岛素的分泌，迅速降低体内血糖水平。

水土情深：
青蟹米糕

　　在南方沿海，青蟹米糕可谓是"靠山吃山珍，靠海吃海味"的典型代表。对糯米和青蟹的喜爱，成就了这道软糯鲜香的佳肴。蟹的肥美，糯米的清香，本就可以碰撞出一番独特滋味，只要适当调味，菇类与葱头又可将整道菜的鲜美提高到一个新境界。

材料 Ingredient

糯米	300克
青蟹	1只
虾米	1大匙
泡发香菇丝	50克
红葱头	50克
水	100毫升
姜片	3片
葱段	1根

调料 Seasoning

五香粉	1/2茶匙
酱油	1茶匙
盐	1/2茶匙
鸡精	1/2茶匙
白糖	1茶匙
香油	1茶匙
胡椒粉	1茶匙

做法 Recipe

1. 将糯米泡水2小时，洗净沥干，加水放入蒸笼中以中火蒸约15分钟；红葱头去皮洗净，切片。

2. 取一锅，倒入适量食用油加热，放入红葱头片，以小火炸至金黄色，倒出，过滤成红葱酥和红葱油，备用。

3. 取一锅，放入红葱油、虾米和香菇丝，以小火炒约3分钟，加入所有调料、水和红葱酥拌炒均匀，煮约5分钟；将蒸好的糯米放入锅中拌匀，即成米糕，盛入盘中。

4. 将青蟹处理干净，与姜片、葱段一起摆入蒸盘中，以中火蒸约8分钟后取出；将蒸熟的青蟹连同汤汁一起放至米糕盘上，放入蒸笼，以中火再蒸5分钟即可。

小贴士 Tips

+ 挑选青蟹时，可背光举起，察看蟹壳锯齿状的顶端，如果是完全不透光的，说明蟹肉比较饱满；反之，则不饱满。

食材特点 Characteristics

青蟹：肉质鲜美、营养丰富，尤其富含蛋白质和微量元素，有滋补强身的功效。青蟹主要分布在我国东南沿海一带，以江浙地区尤多。

糯米：糯稻脱壳的米，可温补、强身，具有补中益气、健脾养胃、止虚汗的功效，对食欲不佳、腹胀腹泻有一定的缓解作用。

体虚者的福利：
贵妃牛腩

常言道："寒冬食牛肉，滋养补气血。"立秋之后，天气渐凉，人的胃口也愈发好起来，贵妃牛腩正是为秋季进补准备的适宜菜品。牛腩具有一定的滋补功效，它富含蛋白质和氨基酸，能补脾胃、益气血、强筋骨、消水肿。合理搭配不仅能增强体力、补充元气，更有益于人体组织生长发育，尤其适合术后病人和孕晚期的准妈妈食用。

材料 Ingredient

牛肋条	500克
姜片	50克
蒜	10瓣
葱段	3根
水	500毫升
上海青	1颗

调料 Seasoning

料酒	5大匙
辣豆瓣酱	1大匙
番茄酱	3大匙
白糖	2大匙
蚝油	2茶匙
八角	3个
桂皮	15克

做法 Recipe

❶ 将牛肋条洗净，切成约6厘米长的段状，放入沸水中焯烫，捞出洗净备用。

❷ 取一锅，倒入适量食用油烧热，放入姜片、蒜、葱段略炸成金黄色，再放入辣豆瓣酱略炒。

❸ 加入牛肋条段、八角、桂皮，拌炒2分钟后加入水和其余调料，以小火烧至汤汁微收，即可盛盘。

❹ 上海青洗净，对切，放入沸水中略烫，再捞起放置盘边装饰即可。

小贴士 Tips

➕ 辣豆瓣酱本身就含有盐分，所以调味时不用再加盐，如感觉口味不够可再酌情添加。

食材特点 Characteristics

牛肋条：牛肋骨部位的条状肉。好的牛肋条瘦肉较多，脂肪较少，筋也较少，适合多种做法，红烧、炖汤，或烤后食用均可。

上海青：小白菜的一种，富含矿物质和维生素，其中维生素B_2的含量尤为丰富，有抑制溃疡的作用；其富含的膳食纤维还可以有效地改善便秘症状。

台湾地区特有的"四川料理":

五更肠旺

在中国台湾地区的川菜馆或一般的中餐厅里，通常都会有五更肠旺这道菜。已经过加工改良川菜中的"毛血旺"与其最为接近。烹饪时，在五更炉上架上小锅，往往要熬到深夜；小锅里熬的肥肠，寓意"长长久久"；鸭血寓意生意红火、越吃越"旺"，是一道寓意丰富的吉祥菜。

材料 Ingredient

鸭血	1块
熟肥肠	1条
酸菜	30克
蒜苗	1根
姜	5克
蒜	2瓣
高汤	200毫升

调料 Seasoning

辣椒酱	2大匙
白糖	1/2小匙
花椒	1/2小匙
白醋	1小匙
香油	1小匙
水淀粉	1小匙

做法 Recipe

❶ 将所有材料洗净，鸭血切菱形块，熟肥肠切斜段，酸菜切片，一起焯烫后沥干；蒜苗洗净切段；姜、蒜去皮洗净，切片备用。

❷ 热一锅，倒入2大匙色拉油，以小火爆香姜片、蒜片，加入辣椒酱及花椒，以小火拌炒至色拉油变红、炒出香味后，倒入高汤。

❸ 高汤煮至滚沸，加入鸭血块、熟肥肠段、酸菜、白糖和白醋，转至小火煮滚约1分钟，用水淀粉勾芡，最后淋上香油，摆入蒜苗段即可。

小贴士 Tips

✚ 选购鸭血的时候首先看颜色，真鸭血呈暗红色，而假鸭血多呈咖啡色。

✚ 可用猪血替换鸭血，在材料中还可以根据个人偏好加入其他食材。

✚ 可以根据个人口味调整咸淡，口味较重可以酌情再加些盐；口味较轻可以在现有调料的基础上做减法。

食材特点 Characteristics

鸭血：有补血和清热解毒的作用。鸭血富含蛋白质、氨基酸、红细胞素，以及微量元素铁和多种维生素，这些都是人体造血过程中不可缺少的物质。

辣椒酱：辣椒酱分为水制、油制两种。辣椒强烈的香辣味能刺激唾液和胃液的分泌，增加食欲，促进肠道蠕动，帮助消化。

暖身的关爱：

人参鸡汤

　　人们把那些浸透着关爱和挚诚的暖心字句，称为"心灵鸡汤"，有时候一句温暖话语就能给我们很多力量。如果说"心灵鸡汤"是温暖心灵的"忠言"，那么这道人参鸡汤则是滋补身体的"良药"，既能补脾益气，又可安神定志。因为姜片、葱段等食材的加入，使得这道"良药"并不"苦口"，吃肉喝汤均可，对身体益处多多。

材料 Ingredient

土鸡	1只
人参须	60克
姜片	20克
葱段	1根
水	1000毫升

调料 Seasoning

料酒	1大匙
盐	1茶匙

做法 Recipe

❶ 将人参须洗净，泡水3个小时，备用。

❷ 将清理过的土鸡洗净，去头，放入沸水中焯烫以去除脏污血水，捞起沥水。

❸ 将土鸡放入炖锅中，加入姜片、葱段和人参须，以小火炖约2个小时。

❹ 于炖锅中加入盐和料酒等调料，再炖15分钟即可。

小贴士 Tips

➕ 鉴别土鸡时看鸡脚便可一目了然：土鸡大多处于放养的状态，且喂养时间较长，其脚掌会有一层厚厚的茧；而饲料鸡喂养时间短，脚掌自然比较"娇嫩"。

最平民的"西湖仙子"：
西湖牛肉羹

这道菜中星星点点的食材与浓稠的汤汁融为一体，尝上一口就足以让人念念不忘。那如诗如画的西湖美景，让那人如痴如醉的传奇故事，只因一勺羹汤重上心头。与记忆深处缥缈的西湖水相比，最难得的当属西湖牛肉羹的平民化气息，一把牛肉粒，两个鸡蛋清，就可以打造一道老少咸宜的菜品。

材料 Ingredient

新鲜牛肉碎	200克
荸荠	5个
蟹味棒	2根
豌豆	50克
香菜	适量
高汤	500毫升

调料 Seasoning

盐	1茶匙
绍酒	1大匙
淀粉	适量
水淀粉	1大匙
香油	1茶匙

做法 Recipe

❶ 将新鲜牛肉碎加适量水淀粉和盐搅拌均匀，再放入沸水中焯烫，捞出洗净备用。

❷ 将荸荠去皮，洗净，切碎；蟹味棒剥去红色部分，切成小段。

❸ 取一锅，倒入高汤，煮滚后加入牛肉碎、荸荠、蟹味棒、豌豆和绍酒，待汤再沸时加入淀粉勾芡拌匀，最后倒入香油、撒入香菜即可。

小贴士 Tips

➕ 因为牛肉已经熟了，所以后面的步骤应尽量用大火快烧，在最短的时间内完成以免牛肉变老影响口感。

➕ 勾芡的时候，浓稠度要自己掌握，喜欢顺滑口感可以少放淀粉。勾芡后还可以再放入适量鸡蛋清，顺着一个方向慢慢地搅动成絮状，口感更好。

食材特点 Characteristics

蟹味棒：以优质鱼糜为主要原料，具有高蛋白、低脂肪的特点，营养结构合理，具有养心、降糖消渴、抑癌抗瘤的功效。

豌豆：富含人体所需的儿茶素和表儿茶素两种类黄酮抗氧化剂，这两种物质能够有效去除体内的自由基，可以起到延缓衰老的作用。

水润肌肤喝出来：
牛尾汤

　　若要推荐一道美容养颜、塑肌健体的佳肴，牛尾汤则最合适不过了。牛尾含有丰富的钙质、胶原蛋白和维生素，具有补肾益气、润泽肌肤、强身健体等多种功效。在快节奏生活的今天，在你为生活不断奔波、疲惫不堪的时候，适当停一停，用一碗汤鲜肉嫩的牛尾汤犒劳一下自己的胃吧。

材料 Ingredient

去皮牛尾	500克
洋葱丁	100克
胡萝卜丁	80克
西红柿丁	50克
土豆丁	50克
西芹丁	60克
水	1000毫升
香芹末	1茶匙

调料 Seasoning

盐	1/2茶匙
番茄酱	1大匙

做法 Recipe

❶ 将牛尾放入沸水中焯烫，捞起沥干，备用。

❷ 取一锅，将牛尾放入锅内，放入1大匙食用油、番茄酱、洋葱丁、胡萝卜丁炒约5分钟，再加水以小火煮约1个小时，捞出牛尾，备用。

❸ 于锅中加入土豆丁、西红柿丁、西芹丁和盐，煮约45分钟。

❹ 将捞出的牛尾去骨，放入锅中煮约10分钟，最后撒上香芹末即可。

小贴士 Tips

➕ 新鲜牛尾肉质红润紧密、富有弹性，脂肪和筋质色泽雪白、有光泽。闻起来有一种特殊的牛肉鲜味。

食材特点 Characteristics

牛尾：牛尾的肉和骨头比例相同，美味又营养，通常去皮切块出售。牛尾富含胶质、风味十足，很适合用来煮汤。

西红柿：营养丰富，有减肥瘦身、消除疲劳、增进食欲、促进对蛋白质的消化、减少胃胀积食等功效。

暖胃祛寒食补药：
四宝猪肚汤

爸爸常年在外奔波劳碌，总是胃酸胃痛。记忆中的冬天，每次爸爸回家，妈妈总会从炉火上端下一锅泛着点点油花的猪肚汤，我也沾光跟着贪婪地喝上一大碗。后来离家了，都快记不清猪肚汤的味道了。妈妈打来电话，偶尔说起父亲胃痛，记忆中的冬日情景便涌入脑海。让我们接过妈妈的担子，为家人端上一碗猪肚汤吧。

材料 Ingredient

猪肚	1个
蛤蜊	6个
金针菇	50克
香菇	5朵
姜片	3片
葱段	20克
白萝卜	半根
熟鹌鹑蛋	6个
水	400毫升

调料 Seasoning

盐	1/2茶匙
料酒	1茶匙
白醋	适量

做法 Recipe

❶ 猪肚加盐和白醋搓洗干净，放入沸水中焯烫，刮去白膜，与姜片、葱段一起放入蒸锅中蒸30分钟，取出猪肚放凉切片。

❷ 蛤蜊泡水，吐沙；香菇泡发，去蒂，洗净；金针菇去蒂，洗净，放入沸水中焯烫，捞起沥干备用。

❸ 白萝卜去皮，洗净，切长方条，再放入沸水中焯烫，捞起沥干后铺于汤皿底部；再放入吐过沙的蛤蜊、香菇、熟鹌鹑蛋、金针菇和猪肚，加入所有调料和水，放入蒸锅中蒸1个小时即可。

小贴士 Tips

➕ 新鲜的猪肚富有弹性和光泽，白色中略带浅黄，黏液多，肉质厚实；不新鲜的猪肚白中带青，无弹性和光泽，黏液少，肉质松软。

食材特点 Characteristics

猪肚：猪的胃部，含有蛋白质、脂肪、碳水化合物、维生素及钙、磷、铁等，具有补虚损、健脾胃的功效，适合气血虚损、身体瘦弱者食用。

蛤蜊：有"百味之王"的美誉，营养全面，低热量、高蛋白、少脂肪，能防治中老年人慢性病，实属物美价廉的海产品。

第四章

低油脂电锅菜

蒸出来的营养美味

"野菜馄饨似肉香，香椿嫩芽鸡蛋炒。油炸豌豆嘎嘣脆，蒜泥蒸菜满腹肠。"中国人对蔬菜的喜爱从这首童谣里可见一斑。大地回暖，青菜冒芽，那鲜嫩多汁的原始食材，用最简单的烹饪方法，往往就能制作出最有滋味的佳肴。记忆里的蒸菜就是如此，拌上蒜泥，滴上香油，连挑食的孩子都能吃掉一大碗白米饭。

在中国，素有"无菜不蒸"的说法。"蒸"作为中国菜最常使用的一种烹调方法，在厨房里始终占有一席之地。"蒸菜味美，千人千爱"，传统相声《报菜名》开篇就是"蒸羊羔、蒸熊掌、蒸鹿尾儿"，足可见蒸菜的地位。相比其他的烹饪方法，"蒸"的优势显而易见。不仅在最大程度上保留了菜肴的原形、原汁、原味和各种营养元素，还因多种调味品的辅助，增香提色。口味清爽、形美色艳的蒸菜，怎能不让人喜爱。

清朝人陈确的《蒸菜歌》中对蒸菜极尽溢美之情："瓶菜询已美，蒸制美逾并。尤宜饭锅上，谷气相氤氲。一蒸颜色润，再蒸香味深，况乃蒸不止，妙美难具陈。贫士昧肉味，与菜多平生。因之定久要，白首情弥素。十日菜一碗，一碗几十蒸，十蒸尽其性，齿荤安可云！当午饭两盏，薄暮酒半升，相得无间然，千秋流项声。非敢阿所私，良为惬公论。"相比于暴脾气的炒菜，豪爽不拘的炖菜，温润无声的蒸菜可谓既讨喜又讨巧。没有太多繁杂的技巧，只要掌握好蒸的火候，例如菜要小火蒸熟不要蒸烂，肉要大火蒸烂还要蒸酥等。面对鲜美食材，洗洗切切，入锅上屉，拿捏准时间，就能获得营养美味。

早在新石器时代晚期，我们的祖先就在煮饭用的鼎和鬲等陶器的基础上发明出了甑，即最早的蒸笼，它的用途是蒸制谷物。很难想象，早在距今7000年前的黄河流域，人们就已经拥有了多种催熟食物的烹调方法，连美味的蒸饭都端上了石桌。

北方人关于蒸菜的记忆，大概离不开春天的榆钱、槐花和鲜地瓜叶了。

将它们和上一点面粉、一点玉米面蒸熟之后，再拌上蒜泥，淋上香油，满满一碗既能当菜又能当饭。南方人关于蒸菜的记忆更深，不管是鸡鸭鱼肉，还是瓜果茎叶都可以入锅上屉。晒干的腌菜、豇豆、刀豆，或是新鲜的苦瓜、南瓜、茄子、芋头、甜椒，甚至豆干、咸鱼、腊肉都可以在蒸屉里慢慢酝酿。直到现在，长江中下游的平原地区还一直流行"三蒸九扣十大碗，不上格子（蒸屉）不成席"的说法，可见蒸菜之盛行。

关于蒸菜的家常技艺，因地域有别或许略有不同，但其味道鲜美、营养滋补却"异曲同工"。在愈发注重饮食健康的今天，蒸菜更是营养首选。从古代最早的甑，到后来的木制蒸屉、竹制蒸笼，再到新时代的电锅，蒸菜的工具也在不断改进发展，为"无菜不蒸"做着最重要的贡献。

不管你是资深大厨，还是厨房新手，"蒸"都应该列入烹调首选。一天忙碌之后，日头西斜，走进厨房，环视四周，有菜有肉有米，上手"蒸"就对了。

一碗柔滑浓郁：
百花豆腐肉

　　剁到细烂的猪肉馅，用盐、酱油、白糖调味，再以鸡蛋清和淀粉润滑，悉心搅打成黏稠的肉泥。当指尖感觉到丝滑触感，再汇入老豆腐中，与提鲜的姜末、葱花拌匀，最后掺入切成粒状的咸鸭蛋黄，杂合成一道口感清新的佳肴。肉馅的鲜将轻微的豆腥味变得香浓，和咸蛋黄独有的风味杂糅于一体，清蒸成一碗健康与幸福的美味。

材料 Ingredient

老豆腐	1块
猪肉馅	100克
咸鸭蛋黄	40克
鸡蛋清	2大匙
姜末	20克
葱花	20克
西蓝花	适量

调料 Seasoning

盐	1/2小匙
酱油	2大匙
白糖	2小匙
淀粉	2大匙

做法 Recipe

1. 咸鸭蛋黄切粒，备用。

2. 老豆腐氽烫，沥干，并用小勺压成泥状，备用。

3. 猪肉馅加盐搅拌至有黏性，再加入酱油、白糖和鸡蛋清拌匀，接着加入姜末、葱花、淀粉、老豆腐泥混合拌匀。

4. 加入咸鸭蛋黄粒拌匀，备用。

5. 取一碗，碗内抹少许油，将拌匀的材料放入碗中抹平；将碗放入蒸锅中，加约1杯水，盖锅蒸至开关跳起后取出，倒扣至盘中，最后以氽烫后的西蓝花装饰即可。

小贴士 Tips

+ 心血管病、高血压、肝肾疾病等患者应少吃咸蛋。

浓妆淡抹两相怡：
豆酥蒸鳕鱼

洁白的鳕鱼覆盖一层金黄的馅料，香气随着蒸腾着的袅袅热气在空气中流动，一见之下便令人食欲大起。鳕鱼肉质细嫩多汁，口感清新怡人，鲜有鱼腥味并且不肥腻，是难得的美味食材。豆酥与各种香料炒制之后释放出的浓郁香气，配上画龙点睛的红椒碎末，与清淡的鳕鱼相辅相成，清新的味道中透出醇厚的口感。

材料 Ingredient

鳕鱼	1块
	（约300克）
葱	10克
蒜	2瓣
红辣椒	1/3个

调料 Seasoning

豆酥	100克
香油	1大匙
盐	适量
白胡椒粉	适量
米酒	1大匙

做法 Recipe

1. 鳕鱼洗净，多余的水分用餐巾纸吸干；将葱、蒜去皮洗净，与洗净的红辣椒一起切成碎末，备用。

2. 取炒锅，加入香油烧热，放入其余调料炒至香味释放出来；再加入蒜末、葱末、红辣椒末翻炒均匀，即可关火。

3. 将鳕鱼放入盘中，将做法2炒好的材料均匀地铺在鳕鱼上；用耐热保鲜膜将盘口封起来，再放入蒸锅中，锅中加入1杯水，盖锅蒸约15分钟至熟即可。

小贴士 Tips

+ 优质鳕鱼解冻之后，鱼皮表面光滑，像有一层黏液膜一样。

1-1 1-2 2-1 2-2 3

传统菜的幸福之味：
客家酿豆腐

　　摔打出筋的猪肉馅已然爽滑弹牙，用葱、蒜、姜末调味，塞至挖出小洞的豆腐中央，造型完美。蒸熟后再浇上耗油炒制的酱汁，各种滋味交融于口舌之间。这道流传数百年的客家三大名菜之一，总能让食客收获满满的幸福感。

材料 Ingredient	
老豆腐	2块
葱	10克
猪肉馅	300克
蒜	2瓣
红辣椒	1个
姜	25克
淀粉	适量
水淀粉	适量
葱碎	适量
红辣椒碎	适量

调料 Seasoning	
蚝油	1大匙
水	500毫升
盐	适量
白胡椒	适量
香油	1小匙
白糖	适量
鸡精	1小匙

腌料 Marinade	
香油	1小匙
盐	适量
白胡椒	适量
水淀粉	适量
酱油	1小匙

做法 Recipe

❶ 葱、蒜去皮，与红辣椒、姜洗净，切碎，再与腌料和猪肉馅一起搅匀；将猪肉馅摔打出筋，备用。

❷ 将老豆腐逐一对切，然后在每片豆腐中间挖一个小洞，洞内抹少许淀粉，将肉馅轻轻塞入洞口中。

❸ 将豆腐摆入盘中，再放入蒸锅中，加1杯水，盖锅蒸约15分钟。

❹ 取炒锅，放入所有调料以中火煮开，用水淀粉勾芡成酱汁，淋入蒸好的豆腐上，最后撒上少许葱碎、红辣椒碎装饰即可。

小贴士 Tips

✚ 肉馅要调得稍微咸一些，这样酿在豆腐里才不会觉得淡。

裹住缤纷美味:
牛肉蔬菜卷

　　牛肉含有的优质蛋白质一直为人类所需,烹制牛肉的方法多种多样,不断创造新式菜品无疑是居家的乐趣之一。用切薄的牛肉片裹住鲜甜的蔬菜,将菜肴的汁水与滋味紧紧锁住,轻轻咬开,色泽艳丽,口感绝佳。只用"蒸"的手法,就可以得到这样一道少油、轻盐的美味家常菜。

材料 Ingredient

牛肉片	120克
黄豆芽	40克
红甜椒	20克
黄甜椒	20克
胡萝卜	20克
姜	10克
香芹	适量

调料 Seasoning

盐	1小匙
黑胡椒粉	1/2小匙
香油	1大匙
米酒	1小匙

做法 Recipe

❶ 红甜椒、黄甜椒、胡萝卜、姜均洗净,切丝备用。

❷ 将黄豆芽、红甜椒丝、黄甜椒丝、胡萝卜丝、姜丝一同放入沸水中氽烫,备用。

❸ 用牛肉片包入氽烫后的黄豆芽、红甜椒丝、黄甜椒丝、胡萝卜丝和姜丝,再卷成圆筒状,即成牛肉卷。

❹ 在牛肉卷上撒上盐、黑胡椒粉、香油和米酒。

❺ 取一蒸盘,摆入牛肉卷,再将蒸盘放进蒸锅中,加约1/2杯水,盖锅蒸约8分钟,取出盛盘,以香芹装饰即可。

小贴士 Tips

➕ 牛肉卷封口处可用牙签固定,会更牢固。

➕ 菜不要裹得过多或过少,以免牛肉卷散开。

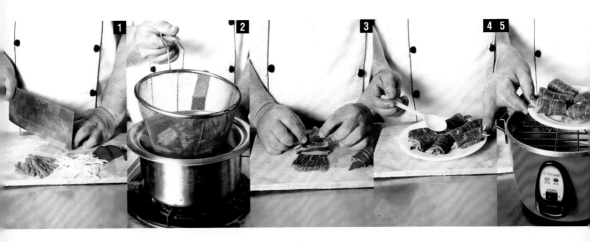

山珍配海味:
鲜虾香菇盒

　　剥壳洗净，煮熟之后的虾仁粉红诱人，是提升鲜味的不二之选，捶打成泥的虾仁更是在软嫩之外增添了Q弹。香菇则是莽莽群山给人类的完美馈赠，每一朵都富含比寻常食物高出数倍不止的谷氨酸。山中珍品与海洋美味的结合，创造出让人难忘的口感，每一口都恍如一场盛大的飨宴。

材料 Ingredient	
干香菇	10朵
淀粉	适量
虾仁	150克
葱末	5克
姜末	5克
白果	10个
枸杞子	5克
上海青	适量

腌料 Marinade	
盐	1/2小匙
胡椒粉	1/4小匙
香油	1小匙
淀粉	1小匙

调料 Seasoning	
盐	1小匙
白糖	1/2小匙
水	30毫升
水淀粉	1大匙
香油	1小匙

做法 Recipe

❶ 干香菇用水泡软，洗净，去除蒂头，抹上淀粉，备用。

❷ 虾仁洗净，剁成泥状。

❸ 虾仁泥中加入葱末、姜末和所有腌料，腌制约5分钟，备用。

❹ 将腌好的虾仁泥填入抹有淀粉的香菇中；再以白果和枸杞子点缀其上。

❺ 取一蒸盘，放入填有虾仁泥的香菇，再将盘放入蒸锅中，加约1/2杯水，盖锅蒸约8分钟，取出倒入另一盘中，盘中铺有烫熟的上海青。

❻ 另取锅，加入所有调料煮沸，制成芡汁，淋至蒸熟的食材上即可。

一口软嫩酥香：
芋头蒸鸡腿

平时深藏在泥中，看起来毫不起眼的芋头实则美味粉嫩，香滑可口，其富含的膳食纤维更是养胃固肾，被称为"秋补一宝"，一向为国人所青睐。将小块芋头用热油炸至金黄，铺陈于大块鸡腿肉上，经过酱油、米酒和白胡椒的腌制调味，只需隔水蒸熟，便能得到一盘简单又鲜美的大餐。

材料 Ingredient

芋头	200克
鸡腿	250克
玉米笋	50克
西蓝花	100克
蒜	3瓣

调料 Seasoning

鸡精	1小匙
酱油	1小匙
米酒	1大匙
盐	适量
白胡椒粉	适量

做法 Recipe

❶ 芋头削皮，洗净，切成小块，再放入油温为200℃的油锅中炸成金黄色，备用。

❷ 鸡腿洗净，切成大块，放入沸水中汆烫过水，捞起备用。

❸ 玉米笋洗净，切成小段；西蓝花修成小朵，洗净备用。

❹ 取一盘，将炸好的芋头块、汆烫过的鸡腿块、玉米笋段、蒜与所有调料一起放入，再用耐热保鲜膜将盘口封起来，放入蒸锅中，加入1.5杯水，盖锅蒸15分钟后，将西蓝花放入，续蒸5分钟即可。

小贴士 Tips

➕ 为了让芋头更加入味，可以将芋头块放在其他菜的下面。

食材特点 Characteristics

西蓝花：又名绿菜花，原产自欧洲地中海沿岸一带，19世纪末传入中国。西蓝花不仅营养成分含量高，而且十分全面，居同类蔬菜之首，故有"蔬菜皇冠"的美誉，主要包括蛋白质、碳水化合物、矿物质、维生素C和胡萝卜素等。营养学家号召人们应在秋季多食用西蓝花，因为此时的西蓝花营养价值最高。

酸香开胃的回忆：
紫苏梅蒸肉片

　　用紫苏梅搭配腌制过的猪肉与鲜笋，以小火慢慢蒸熟之后，紫苏梅的酸味略略渗入了肉中，让它除了咸鲜的口感外又多了一重开胃功效；干紫苏叶片的香气更是缭绕不散，非常特别，让人闻之不忘。对很多人来说，紫苏梅是属于童年的完美回忆，那棵生长在外婆家后院的蓬勃植物，总是牵动着我们的乡愁。

材料 Ingredient

猪后腿肉	300克
竹笋	200克
红甜椒	1/2个
蒜	2瓣
紫苏梅	10颗

调料 Seasoning

盐	适量
白胡椒粉	适量
水	适量
香油	适量

腌料 Marinade

盐	适量
白胡椒粉	适量
香油	1小匙
酱油	1小匙
白糖	1小匙
淀粉	1小匙
紫苏梅汤	30毫升

做法 Recipe

1. 猪后腿肉洗净切片；将所有腌料混合并搅拌均匀；将猪后腿肉放入腌料中腌制约10分钟，备用。

2. 竹笋去壳，切片，氽水；蒜去皮与红甜椒一起洗净，切片，备用。

3. 取一蒸器，放入腌过的猪后腿肉片、竹笋片、蒜片、红甜椒片并搅拌均匀，再加入紫苏梅与所有调料拌匀。

4. 将蒸器放入蒸锅中，加1杯水，蒸约15分钟即可。

小贴士 Tips

+ 如果选择自制紫苏梅，可用粗盐腌渍。

食材特点 Characteristics

紫苏梅：将梅子用紫苏叶子包裹起来，其中还要加蜂蜜、花椒或红糖等，经过一段时间的腌渍，紫苏梅就做好了。紫苏梅具有降气消痰、平喘、润肠等功效。

竹笋：竹的幼芽，也称为笋，自古被当作"菜中珍品"。有清热消痰、利膈爽胃、消渴益气等功效；因其富含膳食纤维，还可以去积食、防便秘。

灵感一现新滋味：

酸奶炖肉

　　肉炖得酥烂之后，饱含肉汁的土豆、胡萝卜也变得绵软，洋葱的辛辣感消失，剩下的全是鲜甜，此时再轻轻淋上一层酸奶，让丰富的食材隐藏在一片雪白之下，用细密的西芹碎装饰一新，盘中犹如大雪过境的原野，有无数美好等着你去发现。尝上一口，原本普通的炖肉因为酸奶的加入，有了特别的酸爽口感，让人欲罢不能。

材料 Ingredient

猪后腿肉	350克
洋葱	50克
土豆	1个
胡萝卜	100克
蒜	2瓣
姜	20克

腌料 Marinade

淀粉	1大匙
香油	1小匙
酱油	1小匙

调料 Seasoning

奶油	1大匙
米酒	1大匙
原味酸奶	1/3瓶
盐	适量
黑胡椒	适量
水	500毫升
西芹碎	1小匙

做法 Recipe

1. 猪后腿肉洗净，切成小块，放入所有腌料腌制约10分钟，备用。

2. 土豆、胡萝卜去皮，洗净，切滚刀状；洋葱去皮洗净，切小块；蒜去皮洗净，拍扁；姜洗净，切小片备用。

3. 取一蒸器，加入腌过的猪后腿肉块、土豆块、胡萝卜块、洋葱块、蒜、姜片与所有调料（原味酸奶、西芹碎除外），在蒸锅中加2杯水，盖锅炖煮约30分钟。

4. 取出盛盘，再淋上原味酸奶拌匀，最后撒上西芹碎装饰即可。

小贴士 Tips

+ 一般来讲，新鲜的猪瘦肉呈红色或粉红色，暗红色的猪肉则不新鲜了。

食材特点 Characteristics

奶油：含有人体必需的脂肪酸、卵磷脂以及维生素A、维生素D等。优质的奶油呈淡黄色，具有特殊的芳香，入口即化。

酸奶：富含乳酸菌，进入肠道后，可以抑制有害菌的活动，令肠道环境得以改善，可有效改善慢性便秘等问题，起到一定的减肥效果。

简简单单家常大餐:
酱烧小排骨

　　烧排骨是一道家常菜,但每个人的做法都不尽相同,每个人心中都有一道独一无二的烧排骨。偶尔也可以尝试一下不同的做法,用腌料将小排骨腌入味后炸成金黄色,同茭白、胡萝卜、辣椒一起入锅,再用大蒜提味,只需蒸煮30分钟,就能做出一道别开生面的酱烧小排骨,扑鼻的香气没有人能拒绝。

材料 Ingredient	
小排骨	350克
茭白	100克
胡萝卜	30克
蒜	3瓣
红辣椒	1个
西蓝花	适量

腌料 Marinade	
香油	1小匙
米酒	1大匙
盐	适量
白胡椒	适量
酱油	1小匙
鸡精	1小匙

调料 Seasoning	
水	400毫升
盐	适量
白胡椒	适量
酱油	1小匙
水淀粉	适量

做法 Recipe

1. 小排骨洗净,放入腌料中腌制约10分钟,再放入油温为180℃油锅中炸成金黄色,备用。

2. 茭白去皮,洗净,切小块;胡萝卜、红辣椒均洗净,蒜去皮洗净一同切片备用。

3. 将西蓝花修成小朵,洗净后放入沸水中汆烫过水,备用。

4. 将炸后的小排骨、茭白片、胡萝卜片、蒜片、红辣椒片与所有调料一起拌匀并放入圆盘中,再放进蒸锅,加2杯水,盖上锅盖,蒸约30分钟即可。

5. 取出盛盘,加入汆烫好的西蓝花装饰即可。

小贴士 Tips

+ 排骨不要切得太大,否则不易熟。

食材特点 Characteristics

茭白:含蛋白质、脂肪、糖类、维生素B_1、维生素B_2、维生素E、胡萝卜素和矿物质等。中医认为,茭白能解热毒、除烦渴、利二便。

香油:从芝麻中提炼而来,具有特别香味,故称为香油。香油的功效很多,其中最重要的是保护血管、润肠通便。

小清新的口味：
酸菜蒸鲷鱼

　　时间的催化让水灵鲜嫩的青菜变成咸香夺人的酸菜，成为众多饕客无法抗拒的美味食材。新鲜的鲷鱼本身就足够令人心动，再用热油爆炒之后的酸菜与香菇来提味，简简单单地清蒸就能激发出鱼肉的鲜美和厚重的口感。

材料 Ingredient

鲷鱼	200克
酸菜	150克
葱	20克
胡萝卜	30克
鲜香菇	3朵
姜	15克
蒜	3瓣
香芹	适量

腌料 Marinade

米酒	1大匙
香油	1小匙
淀粉	1大匙
盐	适量
白胡椒	适量

调料 Seasoning

高汤	600毫升
盐	适量
白胡椒	适量
香油	1小匙
米酒	1大匙
酱油	1大匙
白糖	1大匙
辣豆瓣酱	1小匙

做法 Recipe

1. 鲷鱼洗净；将所有腌料混合搅匀；将鲷鱼放入其中腌制约10分钟，备用。

2. 酸菜切小片，放入沸水中汆烫，取出泡水；葱洗净，切丝；蒜去皮洗净，切丁，备用；胡萝卜、鲜香菇、姜均洗净，切丁，备用。

3. 取炒锅，加入1大匙油烧热，加入酸菜片煸炒，再加入葱丝、胡萝卜丁、鲜香菇丁、姜丁、蒜丁翻炒均匀。

4. 取蒸盘，放入腌好的鲷鱼与所有调料，再放入做法3炒好的材料，接着将蒸盘放入蒸锅中，加入1/2杯水，盖上锅盖，蒸约8分钟。

5. 取出盛盘，放入香芹装饰即可。

小贴士 Tips

➕ 豆瓣酱不仅能增加菜品的营养价值，还可使菜品呈现出更加鲜美的滋味，有开胃助食的功效。

食材特点 Characteristics

香菇：又名花菇、冬菇等，为侧耳科植物香蕈的子实体，是世界第二大食用菌，在民间素有"山珍"之称。香菇含B族维生素、维生素D原（经日晒后转成维生素D）以及铁、钾等矿物质。此外，香菇中的麦角甾醇含量很高，可以防治佝偻病；香菇的多糖成分能增强细胞的免疫力，从而抑制癌细胞的生长。

西红柿豆腐肉片

豆腐有"百味",不论和什么食材组合,它都能在保持自己原味的基础上,吸收其他食材的精华。西红柿酸甜可口,肉片咸鲜醇厚,而老豆腐则成为二者的最佳搭档,不仅嫩而不松、清而不淡,还能解油腻、增口感。撒上葱花,便是一道红、白、绿相间的小菜,不仅令人观之愉悦,更使人食之赞叹。

材料 Ingredient

老豆腐	200克
猪肉片	60克
西红柿	100克
葱段	适量

调料 Seasoning

番茄酱	1大匙
盐	1/4小匙
白糖	1/2小匙

做法 Recipe

❶ 老豆腐切丁,放入沸水中汆烫10秒,捞出沥干备用。

❷ 西红柿洗净,切片,与猪肉片及所有调料拌匀后淋至老豆腐丁上。

❸ 取一蒸锅,将老豆腐丁装盘放入其中,倒入1/2杯水,盖上锅盖,蒸熟后撒上葱段即可。

剁椒鱼

对湖南人来说，印象里最深刻的味道应该就是餐桌上的那一罐剁辣椒，它鲜香美味，且和各种菜肴都能搭配，拌饭时候挖上一勺就很美味。到了辣椒红了的时节，家家户户"咚咚咚"剁辣椒的声音，成为街头巷尾一道混合着香辣滋味的风景。广受大家喜爱的剁椒鱼则离不开剁椒的味道，艳红剁椒压住嫩白鱼块，闻到香味时，舌尖早已涌起几分对"辣味"的向往。

材料 Ingredient

鱼	1条
蒜末	20克
葱花	20克
剁椒酱	3大匙

调料 Seasoning

白糖	1/4小匙
米酒	1小匙

做法 Recipe

1. 鱼处理干净，切块，放入盘中，将剁椒酱、蒜末、白糖及米酒拌匀，淋至鱼上。

2. 将盘放入蒸锅中，加约1杯水，盖上锅盖，根据鱼的大小和种类蒸至鱼熟透入味，撒上葱花即可。

百种鲜香一碗中：
虾仁茶碗蒸

日式茶碗蒸起源于中国的蒸蛋，但现在已成为日式料理的一道招牌点心。茶碗蒸以精致的原味为追求，讲究食材的搭配与新鲜，需要悉心烹制：过滤鸡蛋液以保证成品更加光洁滑腻，没有杂质；锅盖不能完全闭合以防止蛋液过熟。香菇与虾仁的组合让蒸蛋更加具有鲜味，赋予其清淡外表下深层厚重的口感。

材料 Ingredient

虾仁	3只
鲜香菇	1朵
鸡蛋	2个
葱花	适量

调料 Seasoning

盐	1/4小匙
白糖	1/4小匙
米酒	1/2小匙
水	3大匙

做法 Recipe

❶ 将鸡蛋打散，加入所有调料搅匀，用筛网过滤。

❷ 将过滤后的鸡蛋液倒入容器中，并盖上保鲜膜。

❸ 蒸锅的加入1杯水，放入蒸架，将盛有鸡蛋液的容器放置于蒸架上，盖上锅盖，锅盖边插1根牙签或厚纸片，留一条缝使蒸汽略微散出，防止蛋液蒸得过熟。

❹ 蒸约8分钟至蛋液表面凝固，再将虾仁、葱花及鲜香菇放入，盖上锅盖，再蒸约10分钟后开盖，轻敲锅子，看蛋液是否已完全凝固不会晃动，若晃动，表明未蒸熟，需盖上盖再蒸，蒸至蛋液已完全凝固、不再晃动即可。

小贴士 Tips

✚ 做茶碗蒸时，除了将虾仁、香菇与蛋液同蒸外，还可以加入蛤蜊、干贝、鱼子、鱼肉、蟹肉等食材。

食材特点 Characteristics

虾仁：含有丰富的钾、碘、镁、磷等矿物质及维生素A、氨茶碱等成分，对身体虚弱以及病后需要调养的人而言是极好的食物。但宿疾者、正值上火之时不宜吃虾；患有过敏性鼻炎、支气管炎、反复发作性过敏性皮炎的老年人也不宜吃虾；且虾为发物，患有皮肤疥癣者也应忌食。

一口苦尽甘来：
素味酿苦瓜

虽然苦瓜味道有些清苦，但大部分人还是爱它的回味悠长。苦瓜拥有奇特的长相和滋味，却以"清热祛火"的功效成为大众食谱中的一员。苦瓜酿是很多人非常钟爱的菜品，只取黑木耳、竹笋、胡萝卜和圆白菜四种鲜蔬，用少许酱料调出自己喜欢的滋味，塞入肥厚苦瓜里，通过油炸和蒸煮，苦味大多已经淡去，呈现出更丰富的味道。

材料 Ingredient

苦瓜	1根
黑木耳	1朵
竹笋	50克
胡萝卜	30克
圆白菜	150克

调料 Seasoning

酱油	2大匙
白糖	1大匙
水	600毫升
米酒	1大匙

腌料 Marinade

酱油	1大匙
鸡精	1小匙
盐	适量
白胡椒粉	适量
水	适量
香油	1小匙

做法 Recipe

❶ 黑木耳、竹笋、胡萝卜、圆白菜均洗净，切成丝，备用。

❷ 苦瓜去蒂、去籽，洗净；将黑木耳丝、竹笋丝、胡萝卜丝、圆白菜丝塞进苦瓜内，淋上调匀的腌料，用牙签将苦瓜蒂头插入苦瓜中，固定成一个完整的苦瓜。

❸ 将完整的苦瓜放入油温为180℃的油锅中，炸至表面呈金黄色，捞起沥油，备用。

❹ 将炸好的苦瓜放入蒸盘上，再加入拌匀的调料，放入蒸锅中，加2杯水，盖上锅盖，蒸约25分钟后取出，切块食用即可。

小贴士 Tips

➕ 建议选用那些表皮青绿有光泽、手感光滑、纹理清晰的苦瓜，这样的才新鲜好吃。

食材特点 Characteristics

苦瓜：有清热解毒、益气解乏、益肾利尿的作用。苦瓜还含有苦瓜甙和类似胰岛素的物质，具有良好的降血糖作用；苦瓜的维生素C含量也很高，具有预防维生素C缺乏症、防止动脉粥样硬化、保护心脏等作用。

层层红白翡翠塔:
三色丝瓜面

丝瓜柔软而甜美，颜色绿白相间，适宜清火祛燥除湿，尤其适合夏季食用。将丝瓜细细切丝之后，辅以同样纤细嫩红的火腿丝与雪白鸡丝，红、绿、白三色层层堆叠而上，加上一层精心调配的酱汁和喷香的七味粉，不但卖相怡人，口味更佳。三色丝瓜面作为一道色香味突出的菜品，飨宴独食两相宜，可谓"一招鲜，吃遍天"。

材料 Ingredient

丝瓜	560克
鸡丝	50克
火腿丝	30克

调料 Seasoning

盐	2小匙
香油	1大匙
七味粉	1大匙
水	400毫升
水淀粉	3大匙

做法 Recipe

❶ 丝瓜去皮、取白色瓜肉，洗净，切丝备用。

❷ 将丝瓜丝、鸡丝及火腿丝混合，加入1小匙盐和香油拌匀入盘，再放入蒸锅中，加1/4杯水，盖上锅盖，蒸约7分钟后取出。

❸ 另取锅，放入1小匙盐、水和水淀粉煮沸，制成芡汁，淋至蒸熟的菜品上，最后撒上七味粉即可。

浓郁与清新的碰撞：
培根烩娃娃菜

娃娃菜走上国人的餐桌不过数年时间，却已因其鲜甜的口感风靡全国。从外形上看，它似乎只是大白菜的"微缩版"，不过娃娃菜口感更好，营养成分更丰富。其所含的钾元素能为时常感到倦怠的都市人带来活力，秋冬季节还有去燥之功。口味清新的娃娃菜在加入培根碎末之后，瞬间激发出多重咸香。

材料 Ingredient

娃娃菜	4棵
培根	1片
	（约25克）
蒜	2瓣
红辣椒	1个

调料 Seasoning

酱油	1小匙
香油	1小匙
奶油	1小匙
鸡精	1小匙
盐	适量
白胡椒	适量
水	100毫升

做法 Recipe

1. 娃娃菜去蒂，对切，洗净；培根、红辣椒均洗净，切碎，备用；蒜去皮洗净，切碎，备用。

2. 将洗净的娃娃菜、培根碎、蒜碎、红辣椒碎及所有调料放入盘中，再将盘放入蒸锅中，加入1杯水，盖上锅盖，蒸约15分钟即可。

小贴士 Tips

+ 培根含盐分，烹饪时盐的用量要比平时少一些，不然会太咸；培根含油量多，为保证口感清新烹饪时不用再添加其他食用油。

锁不住的鲜香：
百花圆白菜卷

　　蒸菜总给人一种简单的感觉，但其中也不乏复杂的菜式，譬如这道百花圆白菜卷，就十分考验烹饪者的耐心与细致程度。细细搅打的猪肉虾仁泥用大片菜叶裹紧，使肉馅中的汁液被紧紧锁住，最后还要浇上鲜美的薄芡酱汁，让整道菜从滋味到外形都足够引人注目，虽然过程略微烦琐，但当菜品上桌并赢得众人交口称赞的那一刹那，一切付出都有了意义。

材料 Ingredient

虾仁	100克
猪肉馅	200克
蒜	3瓣
葱	10克
红辣椒	1个
圆白菜叶	3片
淀粉	适量

调料 Seasoning

A：	
香油	1小匙
鸡精	1小匙
米酒	1大匙
淀粉	1小匙
鸡蛋清	35克
盐	适量
白胡椒	适量
B：	
鸡蛋清	35克
盐	适量
白胡椒	适量
水	350毫升
水淀粉	适量

做法 Recipe

❶ 虾仁与猪肉馅一同剁成肉泥；蒜去皮，与红辣椒、葱一起洗净，切碎；圆白菜叶洗净，放入沸水中氽烫，捞出备用。

❷ 取一容器，放入肉泥、蒜碎、红辣椒碎、葱碎和所有调料A搅拌均匀，并摔打出筋成内馅，备用。

❸ 将圆白菜叶平铺在桌上，待干后，撒入材料中的淀粉，再放入搅拌好的内馅，慢慢卷起成圆柱状，备用。

❹ 将卷好的圆白菜卷入盘放入蒸锅中，加入2/3杯水，盖上锅盖，蒸约10分钟，取出对切，备用。

❺ 取炒锅，加入所有调料B（水淀粉除外）共煮，煮开后加水淀粉勾薄芡，再淋至蒸好的圆白菜卷上即可。

食材特点 Characteristics

圆白菜：富含叶酸，所以孕妇及贫血患者应当多吃些；多吃圆白菜，还可增进食欲、促进消化、预防便秘，有减肥瘦身的功效；新鲜的圆白菜含有植物杀菌素，有抗菌消炎、提高人体免疫力的作用，对预防感冒、缓解疼痛均有一定的作用。

第五章

低卡又饱腹的主食

米面情缘

中国人对米面都有挥不去的情缘，斩不断的相思。这浓烈悠远的爱，从一个人幼儿时端起碗筷的那一刻起就已经开始慢慢渗入骨髓，和他赖以生存的土地一道潜藏进了身体。在未来的生命路程中，他的记忆、思想、情味和欲望都与这最简单的一口吃食深切相关。

儿时的野菜炒饭让我记住了初春最明朗的模样。东北的冬天漫长无尽，对春天的渴望从新年就开始泛起，终于等到河床开始松动了，青草冒芽，柳梢挂绿，一簇一簇的迎春花在乍暖还寒的晨曦中傲立。院子里最先有变化的是墙角那棵香椿树，青绿一点点地爬上树梢，带着初见世界的些许娇羞。再过十来天，暖流扫过一遍，藏匿了一整个冬天的蘑菇就现身了。一把鲜嫩的香椿叶，一碗喷香的白米饭，几朵新鲜蘑菇用热油一炒，鲜美、咸香的炒饭就铿锵出锅，餐桌上的碗筷早已等待良久。每年开春的第一份香椿蘑菇炒饭都瞬间消失在孩子们的狼吞虎咽之中，浑然不知愁滋味。

六月中旬是华北平原麦收的时节，在离家居于城市多年后，来自平原的孩子都会在梦中见到铺天盖地的金黄麦田。每年麦收的时候，种了一辈子地的老农民都爱说这么一句话："土地是最诚实的，你对它付出多少，收粮食的时候它就回报你多少。"这句朴素平常的话表面上说的是那几亩麦田，其实也很容易联想到整个生活。生活对每个人最大的考验就是看他是否拿出了全部的真心和诚意。其实幸福充实的生活远没有那么复杂，就像每年第一袋新面粉做出的肉丝炒面，最简单的一道菜肴，却能给予人最踏实的温暖。生活同样需要沉下以来看待，麦子蛰伏一整个冬天，历经风霜雨雪才能丰收；收起来一遍遍不厌其烦地晒干水分才能保证品质；磨面机里一道道工序精碾细磨才能保证口感；千家万户的厨房里锅碗叮当……才成就了餐桌上大快朵颐。如果没有耐心和热情，连生活里基本的美味都会无福消受。

江南风景如画、美食亦讲究。那一道道制作精细、色美香溢的淮扬菜

都如同传情的眉目，让每一个过往者魂牵梦萦。就连蛋炒饭这样最简单、最家常的美味都是如此。从隋炀帝南下巡访传入"碎金饭"，到现在各种滋补食材一齐上阵的扬州炒饭，都是看起来平淡无奇，其实却最具匠心。太阳西斜，余晖洒落斑驳的石板路，小巷里蛋炒饭阵阵飘香，欢呼的孩子们、加快脚步的丈夫们，都在朝着主妇的餐桌赶去。此刻，略去江南缠绵的情思，这是实实在在家庭的爱，比江南美景更动人的情味。

黄土高原饱受风吹日晒，造就了当地人粗犷豪爽的性格，连吃面都是重口味臊子打卤的一大碗。寒冷的冬日，来上一大碗，臊子咸鲜、面条弹滑劲爽、汤汁鲜美，辘辘饥肠顿时得到安抚。离家后也能记起哪个餐馆的面食最好吃。可是每次一想到面，最馋的还是老家的臊子面。一方地域的美食对生活在这片土地上的孩子都有养育之情，在能相见时不会想念，一旦隔了山水，就会变成日思夜想的味道，和亲情、往事再也不能分离。

每个人一定都有对美食的爱，虽然各式菜肴屡见不鲜，但对主食的情谊却是任何菜肴都不能比的，那份根深蒂固的执拗就像打断骨头连着筋的血脉之情。简单的一饭一面，有最深刻的记忆和说不尽的情愫。

蒜酥香肠炒饭

炒饭大概是最受大众青睐的主食之一了，只因其食材普通易得，做法简单却又美味不减。在炒制过程中还可以加入创意，融汇手头各种食材，充分享受DIY的乐趣。这道蒜酥香肠炒饭能在各种创意下脱颖而出足见其魅力。蒜酥清香解毒，香肠美味咸香，混合醇香米饭，不仅可以作为配菜主食，也可以饭菜全包，满腹饿意一扫而光。

材料 Ingredient

米饭	220克
香肠	2根
葱花	20克
红甜椒末	5克
蒜酥	5克
鸡蛋	1个

调料 Seasoning

酱油	1大匙
黑胡椒粉	1/6小匙

做法 Recipe

1. 鸡蛋打散；香肠蒸热，取出切丁，备用。

2. 热一锅，倒入适量食用油，加入鸡蛋液快速搅散至略凝固，再放入香肠丁及红甜椒末炒香。

3. 转中火，放入米饭、蒜酥及葱花，将米饭翻炒至饭粒完全散开。

4. 加入酱油、黑胡椒粉，持续以中火翻炒至饭粒松香且均匀即可。

小贴士 Tips

+ 选用香肠时，要看香肠是否干爽，干爽的香肠是上品，如果香肠较湿润，则有可能不够新鲜。

食材特点 Characteristics

蒜酥：不可或缺的美食伴侣，也被誉为"大地上最香酥的食物"。其气味芳香，具有杀菌、抗癌、降压护心的功效。

香肠：以猪或羊的小肠衣或大肠衣灌入调好味的肉料干制而成。需要注意的是，高脂血症患者及肝肾功能不全者应禁食。

炒饭终极版：
扬州炒饭

在各大宴席中，扬州炒饭经常会做为压轴角色出场，这道经典的美味主食总是为一次次的举杯欢庆画上完美的句号。相传扬州炒饭起源于民间，隋炀帝南下巡视时喜欢食用，历经改进的扬州炒饭得到了淮扬菜系"材料丰富、用料考究、注重搭配"的真传，各种优质食材一齐上阵，成就了今天这道口味丰富、名扬四海的主食。

材料 Ingredient

米饭	250克
虾仁	30克
鸡丁	30克
海参丁	30克
香菇丁	30克
水发干贝丝	20克
葱花	20克
竹笋丁	40克
鸡蛋液	适量

酱料

盐	1/4小匙
蚝油	1大匙
绍酒	1大匙
水	4大匙
白胡椒粉	1/2小匙

做法 Recipe

1. 热一锅，倒入少许食用油，放入虾仁、鸡丁、海参丁、水发干贝丝、香菇丁、竹笋丁炒香，再加蚝油、绍酒、水、白胡椒粉炒至汤汁收干，盛出备用。

2. 锅洗净，烧热，放少许食用油及鸡蛋液炒匀。

3. 加入米饭及葱花，将米饭翻炒至饭粒完全散开，加入做法1中的材料及盐，炒至饭粒松香即可。

小贴士 Tips

+ 完美的炒饭多用隔夜的捞饭，即先煮、去汤、加水再蒸熟的饭。当然，这样营养会流失不少，但是米汤也可以有很多其他用处。

+ 根据个人喜好，还可以在本品中加入玉米粒、胡萝卜、豌豆等食材。

+ 炒饭应少油中途不能加水或加油，勤翻炒可以防止焦糊。

食材特点 Characteristics

干贝：扇贝的干制品，含蛋白质、碳水化合物、维生素B_2和钙、磷、铁等多种营养成分，有助于降血压、降胆固醇，能补益健身。

绍酒：黄酒的一种，以精白糯米加上鉴湖水酿造而成，酒精浓度在14%～18%vol，常作为调味料使用或直接饮用。

咸鱼鸡肉炒饭

咸鱼鸡肉炒饭是经典的广式炒饭之一。这道咸香的美味，在广东各大小餐馆随处可见，食客百吃不厌。大概所有像这样在一个地域如此"信手拈来"的美味，都掩藏着深深的家乡情怀。在离家之时，除了人情，最割舍不掉的就是这样的家常便饭。咸鱼咸香耐嚼，鸡肉嫩滑鲜美，像是历历在目的往事，时刻提醒我们，要懂得珍惜眼前和感恩生活。

材料 Ingredient

米饭	220克
咸鱼肉	50克
葱花	20克
鸡腿肉	120克
生菜	50克
鸡蛋	1个
香菜	适量

调料 Seasoning

盐	适量
白胡椒粉	适量

做法 Recipe

1. 将生菜洗净，切碎；鸡蛋打散；咸鱼肉下锅煎熟，切丁；鸡腿肉洗净，切丁备用。

2. 热一锅，倒入适量食用油，放入鸡腿肉丁炒至熟，取出备用。

3. 锅洗净，烧热，倒入适量食用油，放入鸡蛋液快速搅散至略凝固。

4. 转中火，放入米饭、鸡腿肉丁、咸鱼肉丁及葱花，将米饭翻炒至饭粒完全散开。

5. 再加入生菜碎及盐、白胡椒粉，持续以中火翻炒至饭粒松香均匀，最后撒上香菜即可。

小贴士 Tips

+ 选用咸鱼时，一要看鱼身是否有蛀虫；二要看鱼肉的光泽如何，如果是用药水泡过的，鱼肉会暗淡没有光泽。

食材特点 Characteristics

咸鱼：是以盐腌渍后晒干的鱼。在中国古代，咸鱼又被称为"鲍鱼"，并有"鲍鱼之肆"这一成语，而非现在作为名贵海产品的鲍鱼。咸鱼的种类很多，有以大鱼腌的，也有以小鱼腌的。一般人群均可食用咸鱼，但高血压患者、在高温条件下工作的人员则不宜食用；长期大量食用咸鱼易患鼻咽癌。

美味鲜香料理：

樱花虾炒饭

这是一道色香味俱全的料理佳品。樱花虾产自深海之中，虾体自身微微发光，成群结队有如樱花纷落，因此而得美名。泛红的樱花虾，配以金黄蛋碎、青绿圆白菜，再加上晶莹透亮的白米饭，多彩亮丽，看起来就让人食欲大增。吃上一口，樱花虾鲜香微甜，米饭弹软适中，简单的炒饭也可以使人倍感满足。

材料 Ingredient

米饭	220克
猪肉丝	30克
葱花	20克
樱花虾	20克
圆白菜	30克
胡萝卜丁	30克
鸡蛋	1个
香菜	适量

调料 Seasoning

盐	1/6小匙
酱油	1大匙
白胡椒粉	1/6小匙

做法 Recipe

1. 鸡蛋打散；胡萝卜丁用沸水焯熟，沥干；圆白菜洗净，切碎备用。

2. 热一锅，倒入1大匙食用油，加入猪肉丝炒至熟后，取出备用。

3. 原锅洗净，热锅，倒入2大匙食用油，放入鸡蛋液快速搅散至略凝固，再放入樱花虾略炒香。

4. 转中火，加入米饭、猪肉丝、胡萝卜丁及葱花，将米饭翻炒至饭粒完全散开。

5. 加入圆白菜及酱油、盐、白胡椒粉，持续以中火翻炒至饭粒松香且均匀，盛出撒上香菜即可。

小贴士 Tips

+ 炒饭时油不可以用太多，否则吃起来容易腻。

食材特点 Characteristics

樱花虾：又名火焰虾、玫瑰虾，产于东南亚国家和地区。樱花虾的营养价值极高，富含蛋白质、壳多糖、甲壳素、虾青素以及钙、磷等矿物质。无论是发育中的婴幼儿、怀孕中的妇女，还是缺钙的老人，都适宜食用。中医则认为，樱花虾有通乳生乳、壮阳壮腰、亮发、壮骨等功效。

夏日的味道：
夏威夷炒饭

炎炎夏日，总是让人食欲不振，这道夏威夷炒饭可以算是开胃的"高手"。一半蔬菜水果，一半Q弹火腿蛋花，荤素搭配合理，甜爽可口，连挑食的小朋友都能轻松征服。酸甜的菠萝块，清脆的青椒丁，醇香的米饭粒，吃进嘴里，滋味分明。再加上梦幻的名字，遥想那一望无尽的碧海蓝天和多彩火热的海滩风情，立马就生出了愉悦的心情。

材料 Ingredient

米饭	220克
火腿	60克
青甜椒	50克
红甜椒	60克
菠萝	60克
葱花	20克
鸡蛋	1个

调料 Seasoning

盐	1/2小匙
粗黑胡椒粉	1/4小匙

做法 Recipe

1. 鸡蛋打散；菠萝、青甜椒、红甜椒均洗净，切丁；火腿切小片，备用。

2. 热一锅，倒入2大匙食用油，放入鸡蛋液快速搅散至略凝固。

3. 转中火，放入米饭、火腿片、菠萝丁、青甜椒丁、红甜椒丁和葱花，将米饭翻炒至饭粒完全散开。

4. 加入盐及粗黑胡椒粉，持续以中火翻炒至饭粒松香且均匀即可。

小贴士 Tips

+ 菠萝在炒制前最好经过盐水汆烫，这样才可以去掉刺激性物质，减少过敏反应的发生。

+ 经过炒制的菠萝有一种甜甜的清香气味，正是本品的精髓所在。

食材特点 Characteristics

菠萝：世界四大热带水果之一，原产于美洲，含有大量的果糖、葡萄糖、B族维生素、维生素C、磷、柠檬酸和蛋白酶等物质。菠萝还含有一种叫作"菠萝朊酶"的物质，它能分解蛋白质，帮助消化，改善局部的血液循环、稀释血脂，从而消除炎症和水肿。

香椿蘑菇炒饭

　　院子里的那棵香椿树，初春就开始冒出嫩绿的新芽，稍长大一点，妈妈就会用它来做各种美食。记忆中，香椿独特的味道总是和春暖花开相连的，食材的季节性更成就了美食的珍贵。在生活节奏加快的今天，食材的购买更加便捷，香椿总会准时出现在早春的市场，香椿下市后仍能买到香椿酱。用香椿酱给米饭均匀上色上味，仿佛随时都能尝到初春的味道。

材料 Ingredient

米饭	220克
姜末	10克
蘑菇	30克
胡萝卜	40克
圆白菜	80克

调料 Seasoning

香椿酱	1大匙
白胡椒粉	1/4小匙
酱油	2大匙

做法 Recipe

1 蘑菇、圆白菜均洗净，切成小片；胡萝卜洗净，切小丁备用。

2 热一锅，倒入2大匙食用油，放入姜末、蘑菇片及胡萝卜丁以小火炒香。

3 转中火，放入米饭、圆白菜及香椿酱，将米饭翻炒至饭粒完全散开且均匀上色。

4 加入酱油及白胡椒粉，持续以中火翻炒至饭粒松香且均匀即可。

小贴士 Tips

+ 制作这道炒饭时，可少放盐或不放盐，因为香椿酱已经有盐分了。

食材特点 Characteristics

香椿：又名香椿芽、毛椿等，具有食疗作用。香椿富含营养物质，其中维生素E和性激素物质具有抗衰老和补阳滋阴作用，对不孕不育症有一定疗效；含香椿素等挥发性芳香族有机物可健脾开胃、增加食欲；维生素C、胡萝卜素等有助于增强人体免疫力，并有润滑肌肤的功效，是保健美容的佳品。

姜黄牛肉炒饭

幸运难得的完美搭配：

姜黄开胃，牛肉健脾，两者搭配便是一盘既美味又养生的姜黄牛肉炒饭，味道鲜美、四季皆宜。两种食材的搭配就像性格各异但又一拍即合的两个人，带着初遇时的美好，悉心经营着平淡而充实的生活。

材料 Ingredient

米饭	220克
牛肉片	100克
葱花	20克
熟豌豆	30克
胡萝卜丁	30克
鸡蛋	1个

调料 Seasoning

盐	1/2小匙
姜黄粉	1小匙

做法 Recipe

1. 鸡蛋打散；胡萝卜丁用沸水焯熟，沥干备用。

2. 热一锅，倒入1大匙食用油，放入牛肉片炒至表面变白后，取出备用。

3. 原锅洗净，烧热，倒入2大匙食用油，放入鸡蛋液快速搅散至略凝固。

4. 转中火，放入米饭、牛肉片、熟豌豆、胡萝卜丁、葱花及姜黄粉，将米饭翻炒至饭粒完全散开且均匀上色时，加盐调味即可。

小贴士 Tips

+ 姜黄粉可在超市购买，也可用咖喱粉代替。

+ 夏季天气炎热时，如果你的胃口不佳，就赶快来尝尝这道姜黄牛肉炒饭吧，肯定令让你食欲大开，一口接一口地吃。

食材特点 Characteristics

姜黄粉：姜黄的干燥根茎磨制成的粉。姜黄是一种多年生有香味的草本植物，既可以作调味料，又有药用价值。其味辛香轻淡，略有辣味、苦味，很像是胡椒、麝香、甜橙与姜的混合味道。医学研究表明，姜黄粉可以用来减轻炎症、加速伤口愈合，还可以有效地预防糖尿病和肥胖症。

美食源于用心：
虾仁蛋炒饭

相传古代很多侯门望族征招厨师，只用青椒肉丝和蛋炒饭就能划定门槛，可见越简单的美食越考验技术。只有用心才能锤炼出一番技艺，将平淡的食材做成美味，这道虾仁蛋炒饭就是如此。作为蛋炒饭的升级版，食材常见，做法简单，一个鸡蛋，一把虾仁，手起铲落间就能为家人献上一道满含爱意的餐饭。端上餐桌，就能收获家人大快朵颐的幸福场景。

材料 Ingredient

米饭	220克
葱花	20克
虾仁	100克
生菜	50克
鸡蛋	1个

调料 Seasoning

白胡椒粉	1/2小匙
XO酱	2大匙
酱油	1大匙

做法 Recipe

1 生菜洗净，切碎；虾仁用沸水氽熟，沥干备用；鸡蛋打散。

2 热一锅，倒入2大匙食用油，放入鸡蛋液快速搅散至略凝固。

3 转中火，放入米饭及葱花，将米饭翻炒至饭粒完全散开。

4 加入XO酱、虾仁、酱油、白胡椒粉炒匀，最后加入生菜，以中火翻炒至饭粒松香且均匀即可。

小贴士 Tips

➕ 米饭要先在冰箱中冷藏2~3小时，并且不要加盖；炒饭前在米饭中加少许素油拌匀，可使饭粒更好地分开。

食材特点 Characteristics

XO酱：XO酱是指顶级酱料的意思，是效仿法国顶级酒类的称呼，如人头马XO、轩尼诗XO等。XO酱首先出现于20世纪80年代的香港，随后于20世纪90年代开始普及化。XO酱的材料并没有一定标准，但主要都包括了瑶柱、虾米、金华火腿及辣椒等，味道鲜中带辣。

偷懒健康餐：

什锦炒面

在快节奏生活的今天，各种繁忙的工作、琐碎的家事，总会挑战我们有限的时间和精力。一忙起来，吃饭就会凑合，健康也就被抛诸脑后了。可是没有健康的身体，哪里来的饱满精神去对付每天的奔波？这道什锦炒面就是"应运而生"的偷懒美味，既简单又健康。新鲜青菜、健康油面，焯焯烫烫、翻翻炒炒，即使是不谙厨艺的新手也能轻松掌握。

材料 Ingredient

油面	150克
韭菜段	10克
绿豆芽	20克
油葱酥	10克
水	50毫升

调料 Seasoning

肉酱	适量

做法 Recipe

1 将油面放入沸水中略焯烫，捞起盛盘备用。

2 韭菜段和绿豆芽均洗净，放入沸水中略焯烫，捞起放在面条上。

3 另起一锅，倒入适量食用油，将油葱酥、水和肉酱放入锅中炒香后，放入面条、韭菜段、绿豆芽炒匀即可。

精致东洋风:
日式炒乌冬面

　　乌冬面是日本最具特色的面条之一。日本人讲究精细，连面条的粗细和长度都有严格的规定，乌冬面就是如此。作为日本料理中的常见食材，这道日式炒乌冬面极具东洋特色，简单的面条做得精致可口，在家宴餐桌上来一道作为压轴主食出场，保证大家交口称赞。

材料 Ingredient	
乌冬面	150克
葱	20克
胡萝卜	10克
鱼板	30克
竹笋	10克
香菇	10克
猪肉丝	30克
柴鱼片	10克

调料 Seasoning	
酱油	2大匙
黑胡椒粉	1小匙
白糖	1/2小匙
水	适量

做法 Recipe

❶ 葱洗净，切段；胡萝卜、竹笋均洗净，切丝；鱼板洗净，切小片；香菇洗净，切片备用。

❷ 取一锅，倒入少许食用油烧热，放入猪肉丝和做法1的全部材料炒香。

❸ 加入乌冬面和所有调料拌炒至熟，最后放上柴鱼片即可。

肉丝炒面

在夏季，炒面和凉拌面对爱吃面条的朋友而言都是不错的选择。相对于拌面来说，炒面更加入味。葱末、姜丝爆香，加入肉丝翻炒，配上些许蔬菜，倒入各种调料，面条在锅里吸满了香气。猪肉切丝不腻口，宽面条更加筋道弹滑。辛劳一天回家，熬一锅清粥，拌一盘爽口凉菜，再来一盘肉丝炒面，简单的晚餐也可以如此惬意。

材料 Ingredient

宽面条	200克
猪肉丝	100克
胡萝卜丝	15克
黑木耳丝	40克
姜丝	5克
葱末	10克
高汤	60毫升

调料 Seasoning

酱油	1大匙
白糖	1/4小匙
乌醋	1/2大匙
米酒	1小匙
盐	适量
香油	适量

做法 Recipe

1. 煮一锅沸水，将宽面条放入沸水中煮4分钟，捞起，冲冷水至凉，沥干备用。

2. 热一锅，倒入适量食用油，放入姜丝、葱末爆香，再放入猪肉丝炒至变色。

3. 放入黑木耳丝和胡萝卜丝炒匀，加入酱油、白糖、盐、乌醋、米酒、高汤和宽面条一起快炒至入味，起锅前淋入香油拌匀即可。

小贴士 Tips

+ 炒面用的面条最好使用鲜面条或咸水面；关火前如加点蒜末，炒面的味道会更香。

+ 宽面条煮熟后过冷水，能让面条更有韧性，吃起来更爽口。

+ 猪肉丝可以提前腌好，这样更入味。

食材特点 Characteristics

乌醋：又名永春老醋或福建红糟醋，是福建省传统调味佳品。乌醋的酿造技术独特，选用优质糯米、高级红曲、特等芝麻、白糖等为原料，进行液态深层发酵，再加以独特生产配方陈酿多年而成。乌醋的醋色棕黑，其性温热，味道酸而不涩、酸中带甜，吃起来醇香爽口、回味生津。

第六章

排毒养颜异域晚餐

舌尖上的旅行

古人云"读万卷书，行万里路"，获得更多的知识和体验不仅能开阔人们的视野，还能给人们带来多样的美妙感受。如果说读书的意义在于"修养身心"，那么旅行的意义就在于"丰富感知"。走出去，见识美丽的风景和别样的文化，人生的情趣就会变得丰盈起来。在现实忙碌的生活中，我们或许总会被这样那样的牵绊禁锢住了远行的脚步。想着等一等，再等一等，其实只要你想，自由的心灵就可以穿越一切走在路上。一顿充满异国风情的晚餐就能帮你达成感知异国的心愿，通过食物对味蕾的刺激，舌尖上的旅行就能透过味觉深入脑海心间。

一道地道的欧式菜肴就是一场浪漫优雅的情怀邂逅。法国菜无疑是世界上最考究的菜系之一，它口感丰富，酱料浓郁，严格遵循季节性原则选用最新鲜的食材烹制。法国人钟爱昂贵的食材，松露、鹅肝、海鲜、牛排，加上厨师精益求精的态度，让天然和技巧完美无间地结合。法国人对优质生活的追求在美食上显露无遗。选个闲暇的周末，系上围裙，不慌不忙地做一道法式鲜蘑，再烤两片黑椒小牛排，佐以蔬菜沙拉、杏仁甜点和一瓶上好葡萄酒，浪漫的烛光晚餐就可以悠扬开场。忙碌的生活中偶尔优雅地奢侈一次，就是对生活最好的奖赏。

古老的中东风情常使人在梦幻的香味中迷失自我。迷迭香是一种常绿灌木，叶片狭窄细长散发着松树香味，因为叶片常青，所以被人们当作永恒的象征。在地中海沿岸，每到夏季，迷迭香都会开出蓝色的小花，新娘常用它作头顶配饰，向世人昭告她对爱情的忠贞不渝。用迷迭香烤鸡腿，那旖旎的香气悉数渗入鸡肉深处，让本来就鲜嫩的鸡肉更加肥美多汁。餐桌上摆上一盘咖喱土豆，一份迷迭香烤鸡腿，再来一杯浓稠的酸奶，仿佛地中海湛蓝的天空和幅员辽阔的沃土都已尽收眼底。

日本料理最适宜用"秀色可餐"四个字来形容。有人说日本料理是用

眼睛品尝的料理，完美的色泽、精致的摆盘、诱人的味道，让每一款食物都像精巧的艺术品。将用鲜嫩蔬菜和肥美海鲜烹制而成的美食，放入带有精致手绘图案的器皿之中，让人久看不厌，迟迟不忍动口。在温情柔美的灯光下，餐桌上摆上一盘味噌烤鳕鱼、几片日式炸猪排、一碗日式茶碗蒸，尽管味道清淡，但回味悠长。就像徜徉在悠长的海岸边，电车响着铃呼啸而过，呼吸一口干净微甜的空气，清清爽爽的意味在脑海里驻足，挥之不去。

鲜辣酸甜的海鲜浓汤尽情挥洒着东南亚的火辣风情。泰国菜以色香味闻名于世，最显著的特点就是酸和辣。泰国厨师喜欢用诸如蒜、辣椒、柠檬、鱼露、虾酱之类重口味的调味品，煮出一锅酸爽鲜辣的泰式佳肴。由于得天独厚的地理优势和气候条件，泰国的海鲜、水果和蔬菜等物产十分丰富，配以当地特有的朝天椒、柠檬、咖喱酱，就造就了别具一格的泰国美食。不管你是否去过那些热情的东南亚海岸，都能从美食中感受到别样风情。和优雅的法国餐桌不同，泰国人的餐桌上，米饭、咖喱、浓汤、沙拉没有特定的用餐顺序，全部可依据个人喜好取食。就是这样的一份随意，像极了在海滩度假，没有规矩、礼仪和各种限制，全是慵懒和悠闲。

一个地域的美食最能代表这个地区的风土人情，舌尖上的感知能带领你走遍山山水水。那一道道色彩或浓艳或素雅、滋味或重或淡、摆盘或精致或简单的美味菜肴就是微缩的景观，加上想象，自然地启动五官，美好的旅行就在盘底，就在舌尖。

法式炒蘑菇

肥美鲜嫩炒出来：

据说法国人特别钟爱鲜蘑菇，餐桌上经常会有各种用鲜蘑制作的美味。这道法式炒蘑菇就是常见的法式菜品之一。只用少许调味品提味，炒熟后加入味道清爽的香芹末，利用余热拌香，就能把蘑菇最原始的肥美鲜嫩发挥得淋漓尽致。简单的美味往往最具性格，法国人骨子里的浪漫和时尚，透过盘碟，也能窥见一二。

材料 Ingredient

鲜蘑菇	160克
蒜	2瓣
干葱	适量
小豆苗	适量
香芹末	5克

调料 Seasoning

盐	适量
白胡椒粉	适量
橄榄油	适量

做法 Recipe

1. 鲜蘑菇洗净，切小块；将蒜、干葱均去皮洗净，切碎备用。

2. 热一锅，倒入适量橄榄油，加入蒜碎、干葱碎以小火炒香。

3. 放入蘑菇块、盐、白胡椒粉炒匀，关火，加入香芹末拌匀，盛盘并以小豆苗装饰即可。

熏香中的浪漫：
迷迭香烤鸡腿排

熏香自古有之，现在仍是为生活增添情调的一种方式，那一缕旖旎的香气，让心也随之变得柔软。迷迭香不仅可用于调制香料，也可以用来制作美食。用迷迭香烤制的鸡腿，肉香中渗入一股别样的芳香，配一杯红酒，在刀叉的配合下细细品尝，轻而易举就拥有了西餐的仪式感。

材料 Ingredient

去骨鸡腿肉	1片
豆角	4条
黑橄榄	2颗
圣女果	2个

腌料 Marinade

迷迭香	1/4小匙
白酒	1大匙
盐	1/4小匙

做法 Recipe

1. 将所有腌料混合，并搅拌均匀。

2. 将去骨肉鸡腿放入腌料中拌匀，腌制约10分钟备用。

3. 烤箱预热至180℃，放入腌制好的鸡腿肉烤约10分钟，至表面金黄熟透即可。

4. 将圣女果、豆角放入烤箱中微烤2分钟，取出备用；黑橄榄切碎备用。

5. 将圣女果、豆角和黑橄榄放入烤鸡腿肉的盘中作装饰即可。

奶油烤白菜

每次去港式茶餐厅，必点一份"奶油烤白菜"，那香香甜甜的奶油味覆盖在清甜爽口的白菜上，一勺入口，回味无穷……这样的美味在家也可以轻松做出来。只要简单的食材，加上一点耐心就能享受纯正的美味，寒冷的冬季里，烤上一盘奶油白菜，幸福感也会倍增哦。

材料 Ingredient

白菜	250克
蟹味棒	2根
洋葱	1/6个
蒜末	1/2茶匙
奶油	1小匙
玉米粉	1大匙
奶粉	2大匙
水	适量

调料 Seasoning

盐	1/2茶匙
白糖	1/4茶匙

做法 Recipe

1. 白菜切成小块，洗净后汆烫，捞出沥干；蟹味棒剥成丝；洋葱洗净切丝，备用。

2. 奶粉和玉米粉分别用水调开。

3. 取一锅，加入奶油、蒜末，用小火略炒，然后加入适量水、调开的奶水和洋葱丝煮开。

4. 在锅中放入盐和白糖，再徐徐加入玉米水勾芡，盛出其中4大匙面糊备用。

5. 将白菜块、蟹味棒丝放入锅中，搅拌均匀，然后倒入烤盘中，表面铺上备用的面糊。

6. 烤箱预热至250℃，放入烤盘，烤约10分钟至表面金黄即可。

小贴士 Tips

+ 白菜含水分较多，为保证口感烤之前可用沸水汆烫，也可以用高浓度的盐水腌过。如果采用第二种方法，需在调味料中少放盐。

食材特点 Characteristics

玉米粉：由玉米碾磨制成的玉米面，有粗细之别，按颜色可区分为黄玉米粉和白玉米粉两种。玉米粉富含卵磷脂、亚油酸、谷物醇、维生素E和膳食纤维等，具有降血压、降血脂、抗动脉硬化、美容养颜、抗衰老、预防便秘等多种保健功效。

黑胡椒烤牛小排

西餐除了吃起来优雅，做起来也更简便，黑椒牛排便是西餐烹饪的第一代表。烤过的牛排富有弹性，香气浓郁、鲜嫩多汁。适合不喜烦琐烹饪步骤的人大显身手。即省时省力，又美味无穷。

材料 Ingredient

去骨牛小排　　2片

腌料 Marinade

黑胡椒酱　　1大匙

做法 Recipe

❶ 将去骨牛小排洗净，沥干，放入黑胡椒酱中腌渍约5分钟，备用。

❷ 烤箱预热到180℃，放入腌制好的去骨牛小排以及少许黑胡椒酱，烤约5分钟即可。

小贴士 Tips

➕ 将去骨牛小排淋上黑胡椒酱一起加入烤箱，可以更入味，也可以防止水分被烤干，这样吃起来口感才不会太涩。

➕ 自制黑胡椒酱：

材料：粗黑胡椒粒　　　　1小匙
　　　A1酱　　　　　　　2大匙
　　　白糖　　　　　　　1/2小匙
　　　洋葱末　　　　　　1/4小匙
做法：将所有材料混合并搅拌均匀，即为黑胡椒酱。

食材特点 Characteristics

牛小排：牛的胸腔左右两侧，含肋骨部分。肉质鲜美，有大理石纹；有补中益气、滋养脾胃、强健筋骨、化痰熄风、止渴止涎的功效。

黑胡椒酱：由黑胡椒和各种调料合成的调味品，味道以咸、辣为主。也是意大利菜常用的酱汁，具有杀菌、开胃、驱寒的功效。

加州阳光的香气：
奶油培根烤土豆

如果你喜欢西餐，那么在煎完牛排后，没什么比奶油培根烤土豆更适合搭配的了。绵软滑腻的奶油，鲜香酥脆的培根，搭配松软香糯的土豆，入口便是香浓的气息，房间里似乎都有了加州的味道，热情而甜蜜，柔软而愉悦，连全身的毛孔也为之舒张。

材料 Ingredient

土豆	1个
	（约200克）
培根	1/2片
玉米粒	1/2大匙
葱末	1/4小匙
无盐奶油	1小匙

做法 Recipe

1. 土豆洗净，备用；将培根放入烤箱中，以180℃烤约3分钟，取出切丁备用。

2. 烤箱预热至180℃，放入洗净的土豆烤约30分钟至熟且软。

3. 取出烤熟的土豆，纵切剖开，放上无盐奶油、玉米粒、切好的培根丁和葱末，再放入烤箱中，以180℃烤约2分钟即可。

西京之王：
味噌烤鳕鱼

这道菜的做法属于日本料理中的西京烧，它的制作过程中少不了腌料，也称之为腌床，将鱼腌制后放进烤箱烧烤，便成了风味独特的西京烧。咬一口外香里嫩的鱼肉，仿佛置身于那个古老的城市，深深地沉浸在和风的温柔里，让人久久无法忘怀。

材料 Ingredient

鳕鱼片　　　300克
熟白芝麻　　1/4小匙

腌料 Marinade

味噌　　　　2大匙
米酒　　　　2大匙
白糖　　　　1/4小匙

做法 Recipe

1. 鳕鱼片洗净，用餐巾纸吸干水分；将所有腌料混合并拌匀成腌酱，备用。

2. 将拌匀的腌酱均匀地涂抹在鳕鱼片上，静置腌渍约10分钟，备用。

3. 烤箱预热至180℃，放入鳕鱼片，烘烤约15分钟。

4. 取出鳕鱼片，撒上熟白芝麻即可。

幸运的微笑：
日式炸猪排

日式炸猪排最早可以追溯到明治末年，至今已经传承了几代人。人们相信，每一块黄金炸猪排里都延续着感恩，每一个吃猪排的人都能从中获得吉利，所以每逢升学必吃炸猪排，厚实的肉搭配酥香的表皮，一口下去满满的香甜汁液，幸福感油然而生。

材料 Ingredient

去骨大里脊肉	1片
（约250克）	
面粉	30克
面包粉	50克
鸡蛋	2个
圆白菜丝	30克
小黄瓜片	适量
蒜末	15克
美乃滋	30克

腌料 Marinade

盐	1/8茶匙
白糖	1/4茶匙
料酒	1茶匙
白胡椒粉	1/6茶匙
水	1大匙

做法 Recipe

1. 将所有腌料和蒜末混合并拌匀，放入去骨大里脊肉一起抓均匀，静置腌渍20分钟。

2. 将腌好的肉排两面先均匀地沾上面粉，再沾上打散的鸡蛋液，最后沾上面包粉并稍微用力压紧，静置5分钟，以使它反潮。

3. 热油锅，放入300毫升色拉油，以大火烧至油温约140℃，放入肉排，以中小火炸约5分钟，至表面颜色金黄，取出沥油。

4. 用圆白菜丝、小黄瓜片摆盘装饰，最后在猪排上挤上美乃滋即可。

小贴士 Tips

➕ 去骨大里脊肉在腌渍之前，可先用叉子均匀地插上数十下，可以将肉的纤维组织打散。这样炸出来的肉质会更松更香。

食材特点 Characteristics

美乃滋：一种西方甜酱，起源于地中海的美乃岛，是使用大量鸡蛋和油制成的，鲜嫩爽口、解腻开胃，可以补充人体热量。

面粉：由小麦磨成的粉末，按其中蛋白质含量的多少，可分为高筋面粉、中筋面粉、低筋面粉和无筋面粉。

深海的故事：
和风鲷鱼片

鲷鱼在日式料理中十分常见，但它在深海的故事却未必人人知晓。鲷鱼实行"一夫多妻制"，当雄鱼死了，雌鱼们就会悲伤地在它周围游动，游着游着，其中一条体格强壮的雌鱼会蜕变成雄鱼，充当一家之主，带领其他鲷鱼开始新的生活。听了这个故事，再来品尝这道飘着和风质朴、纯粹滋味的鲷鱼片，是不是更有意趣一些。

材料 Ingredient

鲷鱼片	100克
洋葱	1/3个
蒜	2瓣
红辣椒	1/3个
芹菜	2根
香菜	2根
水	500毫升

调料 Seasoning

和风酱	适量

做法 Recipe

① 鲷鱼片洗净，切成块状，备用。

② 洋葱洗净，切丝；蒜去皮，同红辣椒均洗净，切片；芹菜洗净，切段；香菜洗净，切碎备用。

③ 取一个砂锅，先加入1大匙色拉油（材料外），加入做法2中所有的材料（香菜除外），用中火爆香，再倒入水，放入和风酱，用中火煮至滚沸。

④ 将切好的鲷鱼片放入锅中，煮至入味，熄火盛盘，撒上香菜碎即可。

小贴士 Tips

✚ 烹饪时，将鲷鱼片煮至入味即可，煮久了鲷鱼就会丧失鲜嫩的口感。

✚ 和风酱是这道菜的灵魂，如果没有买到现成的，可以自己调配。

食材特点 Characteristics

和风酱：一种用日式调料制作的酱汁。取日式酱油露2大匙，香油1小匙、米酒2大匙，少许盐和胡椒粉，将以上材料混合均匀即可。

如沐一场温泉：
日式茶碗蒸

　　日式蒸蛋是日本风味小吃的一种，有着响当当的名气。它温润如玉的气质和从容淡定的禅意，看起来极其简单，吃起来却有着丰富的内涵。茶碗是日文汉字，也就是茶杯，"日式茶碗蒸"是一款深受女士和孩子们喜爱的佳肴。

材料 Ingredient		调料 Seasoning	
鸡蛋	2个	盐	2克
虾	2只	酱油	3毫升
鸡肉	2小块	味啉	3毫升
银杏	4颗	柴鱼素	2克
秀珍菇	2朵		
芹菜	1根		
水	300毫升		

做法 Recipe

❶ 取一锅，倒入水煮至滚沸，加入柴鱼素，熄火放凉成柴鱼汁；将虾去泥肠、去头，剥掉虾壳，只留下尾部最后一节；鸡肉、银杏、秀珍菇、芹菜均洗净，备用。

❷ 取一容器，将鸡蛋打散，加入盐、酱油、味啉和柴鱼汁，搅拌均匀后，用细网过滤，备用。

❸ 将虾、鸡肉、银杏、秀珍菇放入茶碗中，加入搅匀的鸡蛋液，七八分满即可，并覆上保鲜膜；将茶碗放入蒸锅中，盖上锅盖，先用大火蒸3分钟。

❹ 待鸡蛋液温度上升至表面变白时，将锅盖挪出小缝隙，改转中小火蒸约10分钟。

❺ 芹菜用沸水汆烫，切小段，撒入茶碗蒸上做装饰即可。

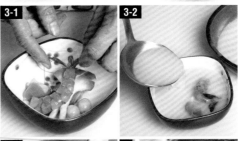

小贴士 Tips

➕ 鸡蛋液倒入茶碗时，只需七八分满，过满不仅少了禅意，也容易溢出。

➕ 蒸完后，可以用小竹签做测试，熟的茶碗蒸可以轻易戳出洞来；如果没有熟，表面则会渗水，需要再蒸1~2分钟。

泰式海鲜酸辣汤

　　泰式海鲜酸辣汤是泰国知名美食，它那鲜艳多姿、红绿相间的品相，以及酸辣交织、醇厚带劲的口感，都大张旗鼓地挥散着十足的热带海洋风情，就像在张开怀抱欢迎你的到来一样。泰式美味都善于刺激食客的味蕾，让人一吃难忘，欲罢不能。不管你是去过泰国，念念不忘；还是未曾成行，心向往之，都不应错过这道著名的曼谷菜。

材料 Ingredient

圣女果	6颗
虾	6只
鱿鱼	1条
蛤蜊	6个
罗勒	适量
水	适量

酱料

泰式酸辣酱	6大匙
柠檬汁	2大匙

做法 Recipe

1 圣女果洗净，切半；虾洗净，头尾分开；鱿鱼去内脏，洗净，切圈；蛤蜊泡水吐沙，洗净备用。

2 取一锅，放入虾头和适量水。

3 以中火煮至沸腾约5分钟，再放入泰式酸辣酱搅拌均匀。

4 在锅中续加入圣女果、虾尾、鱿鱼圈和蛤蜊，待再次沸腾约3分钟，加入柠檬汁及洗净的罗勒即可。

小贴士 Tips

+ 可以充分发挥想象力，让各式海鲜自由搭配，也可以加入新鲜的蘑菇。

+ 在本品中还可以加入香茅、鱼露和椰奶，这些都是泰式汤品的灵魂调料，超市均可以买到。

食材特点 Characteristics

柠檬汁：新鲜柠檬经榨挤后得到的汁液，味道极酸，并伴有淡淡的苦涩和清香味道。柠檬汁常作为调味品被用于面点和西餐的制作。柠檬汁富含糖类、B族维生素、维生素C、烟酸以及钙、磷、铁等微量元素。柠檬汁不仅能止咳化痰、生津健脾，还能增强人体免疫力、延缓衰老。

酸辣柠檬虾

　　东南亚的风情，水清沙白，云淡风轻，阳光照射着沙滩，一片亮丽热辣的风情。酸辣柠檬虾是最具风情的东南亚菜品之一，虾肉传递着海洋的味道，送到嘴边时仿佛能听见阵阵海浪声；鲜活的辣味，犹如盛夏的烈日在灼烧；柠檬的清冽是那荡漾的海水，一波一波沁凉你的心。只要动动手，在家也能轻松享受这道美味。

材料 Ingredient

虾	250克
红辣椒	3个
青辣椒	2个
蒜	2瓣

调料 Seasoning

柠檬汁	2大匙
白醋	1大匙
鱼露	1大匙
水	2大匙
白糖	1/4茶匙

做法 Recipe

❶ 红辣椒、青辣椒和去皮蒜瓣均洗净，剁碎；虾洗净，沥干水分，备用。

❷ 热一锅，倒入少许色拉油，将虾倒入锅中，两面略煎过，盛出备用。

❸ 另热一锅，倒入少许色拉油，放入红辣椒碎、青辣椒碎和蒜碎略炒。

❹ 加入煎过的虾及所有调味料，以中火烧至汤汁收干即可。

小贴士 Tips

✚ 柠檬汁搭配海鲜类食物，既能提味又能去腥，一举两得。

✚ 虾的选择可以根据季节来定，选用对虾、白甜虾、沼虾均可。

食材特点 Characteristics

鱼露：又称鱼酱油，色泽呈琥珀色，带有咸味和鲜味，是一种以鱼、虾为原料，经腌渍、发酵、熬炼后得到的调味酱汁。鱼露营养丰富，含有17种氨基酸，其中有8种都是人体所必需的；其蛋白质含量也很丰富。但痛风、心脏疾病、肾脏病、急慢性肝炎患者不宜食用。

闲时光的甜滋味：
咖喱苹果炖肉

　　这是一道文艺范十足的菜品，源自异域的咖喱和丝丝沁心的苹果肉融为一体，还有那层薄薄的、碧绿的来自地中海的香芹末，看起来就像是一场精致而温馨的小派对。咖喱苹果炖肉，能满足你所有温暖浪漫的心绪和一颗向往自由的心。

材料 Ingredient

五花肉	300克
苹果	1个
胡萝卜块	50克
洋葱块	30克
香芹末	适量

酱料

咖喱粉	2大匙
高汤	100毫升
鸡粉	1/2小匙

做法 Recipe

1. 苹果洗净，去皮、去核，切块备用。

2. 五花肉切块，放入沸水中略汆烫，捞出洗净，沥干备用。

3. 热一锅，倒入少许食用油，放入五花肉，以小火煎至表面金黄色，放入洋葱块炒香。

4. 放入胡萝卜块，加入切好的苹果和咖喱粉炒香，倒入高汤和鸡粉，开大火煮滚沸，盖上锅盖留下少许缝隙，改小火煮约30分钟即可。

5. 盛盘后撒上香芹末即可。

小贴士 Tips

+ 苹果含有的果酸能促使肉类软烂，更加入味；苹果独有的果香和甜味也使菜肴更加清爽。

食材特点 Characteristics

咖喱粉：起源于印度的复合调味品。咖喱其实不是一种香料的名称，对于印度人来说，咖喱就是"把许多种香料混合在一起煮"的意思。一般来说，咖喱可能是由数种甚至数十种香料所组成。组成咖喱的大部分辛香料都能和胃酸结合，有消毒灭菌的作用，对风湿和妇女痛经也有一定疗效。

韩式风情：
蔬菜色拉烤肉卷

常常迷恋韩剧中唯美浪漫的纯净爱情，也在不经意间喜欢上了韩国人吃肉卷的样子，一大张生菜卷起一片肉，裹上酱汁和蔬菜丝包起来，一口塞进嘴里，脸上满满的都是食物带来的幸福。蔬菜烤肉卷的味道让人一吃难忘，嚼在嘴里回味都是鲜香。

材料 Ingredient

薄牛肉片	150克
生菜	适量
小黄瓜	1条
洋葱	1/2个
松子仁	适量
	（烤过）

调料 Seasoning

韩式辣椒酱	18克
黄芥末酱	10克
蜂蜜	18克
米醋	15毫升
蒜泥	1/2小匙
酱油	1/3 小匙
盐	适量

做法 Recipe

1. 将所有调料混合并搅拌均匀成酱汁，备用。

2. 将薄牛肉片撒上少许盐和胡椒粉（材料外），煎至上色备用。

3. 洋葱洗净，切成丝，泡入水中以去除辛辣味；小黄瓜用盐搓洗干净，切成丝，备用。

4. 生菜洗净，拭干水分，摆放在盘中，依次放入洋葱丝、小黄瓜丝和牛肉片，撒上烤过的松子仁，淋上酱汁后卷起即可食用了。

小贴士 Tips

+ 煎牛肉片时可以开中火或者小火，防止油温过高，使牛肉煎得太老。也可以用烤箱以200℃烤5分钟。

+ 洋葱用水泡过可以去除辛辣味，食用时就不至于太过刺激。

食材特点 Characteristics

蜂蜜：对肝脏有一定的保护作用，能促进肝细胞再生；食用蜂蜜能迅速补充体力、消除疲劳，增强对疾病的抵抗力。

黄芥末酱：芥末酱的一种，有解油腻、爽口的效果，添加了蜂蜜、葡萄酒等香料，有轻微酸味，口感温和柔顺。

用舌尖触碰时尚：
果律虾球

一盘果律虾球是情调的前餐，丰富的色彩感和浓郁的沙拉酱，使虾球的清澈变得波光粼粼。如果你贪恋色彩，又宠爱味觉，那么不妨在家里动一动手，亲自给自己送上一份有滋有味的浪漫。

材料 Ingredient

虾仁	200克
菠萝	100克
柠檬	1个
白芝麻	适量
淀粉	适量

调料 Seasoning

美乃滋沙拉酱	2大匙
白糖	1大匙

腌料 Marinade

盐	1/5茶匙
鸡蛋清	1大匙
淀粉	1大匙

做法 Recipe

1 将所有腌料混合并搅匀成腌汁，备用。

2 虾仁洗净，沥干，用刀从虾背后剖开（深约1/3处），用腌汁抓匀后腌渍约2分钟。

3 柠檬压汁，将柠檬汁与所有调料混合搅拌均匀成酱汁；菠萝切块，洗净。

4 热油锅，待油温约180℃时，将虾仁裹上淀粉，放入油锅中炸约2分钟至表面酥脆，捞起沥油。

5 另热一锅，放入油炸过的虾仁和菠萝块，淋上做法3中的酱汁，搅拌均匀后装盘，撒上白芝麻即可。

小贴士 Tips

+ 白芝麻一定要选用那些色泽鲜亮、纯净，外形大而饱满的。

食材特点 Characteristics

白芝麻：具有含油量高、色泽洁白、籽粒饱满、种皮薄、口感好的特点，富含脂肪和蛋白质，还含有糖类、维生素A、维生素E、卵磷脂以及钙、铁、镁等矿物质。中医认为，白芝麻有补血明目、祛风润肠、生津通乳、益肝养发、强身体、抗衰老等功效。

美 食 菜 谱 / 中 医 理 疗

阅读图文之美 / 优享健康生活